LIBRAIRIE DE BORRANI ET DROZ,

ÉDITEURS ET COMMISSIONNAIRES, RUE DES SAINTS-PÈRES, 9, A PARIS.

(E. NOBLET, ÉDITEUR, A LIÉGE.)

TRAITÉ DE L'EXPLOITATION

DES

MINES DE HOUILLE

ou

EXPOSITION COMPARATIVE

DES MÉTHODES EMPLOYÉES EN BELGIQUE, EN FRANCE, EN ALLEMAGNE ET EN ANGLETERRE, POUR L'EXTRACTION DES MINÉRAUX COMBUSTIBLES,

PAR

A. T. PONSON,

INGÉNIEUR CIVIL DES MINES EN BELGIQUE.

EN VENTE LE TOME PREMIER ET LA PREMIÈRE PARTIE DE L'ATLAS.

Les mines de houille, dont les produits sont désormais indispensables aux arts industriels, se sont tellement développées dans ces vingt dernières années. leur exploitation a été l'objet de perfectionnements si nombreux et d'une si grande importance, qu'elles méritent d'être traitées d'une manière spéciale et indépendamment des minerais non combustibles que renferme le sein de la terre, malgré la connexité apparente de ces deux divisions de l'art du mineur.

Le temps semble donc venu de séparer définitivement ces deux branches; aussi le travail que nous annonçons est-il exclusivement consacré aux diverses méthodes d'extraire la houille et aux nombreuses opérations qui s'y rattachent. Ce Traité, quoique composé à un point de vue belge, est, dans sa partie descriptive, un parallèle constant entre les appareils et les procédés usités dans les divers bassins carbonifères de l'Europe. Il renferme non-seulement l'exposition des opérations et des machines les plus récentes, mais encore la description de celles dont on se servait anciennement, afin que le lecteur puisse embrasser d'un seul coup d'œil l'historique complet des inventions dont la houille a été l'objet à différentes époques.

Tous les plans de mines, sauf quelques rares exceptions, sont authentiques et expriment, par conséquent, ce qui existe ou ce qui a existé; tous les appareils décrits fonctionnent ou ont fonctionné autrefois. Telle est la règle que l'auteur s'est imposée, et dont il n'a dévié que dans des cas exceptionnels et pour des objets d'une importance secondaire. Chaque figure est accompagnée d'une échelle dont les subdivisions sont une fraction exacte du mètre.

L'arrachement de la houille et l'exposé des divers systèmes d'exploitation ont été traités avec tous les développements que comportent ces parties essentielles, en se basant sur de nombreux exemples recueillis dans les mines de la Belgique, de la France, de l'Allemagne et de l'Angleterre.

Cet ouvrage, éminemment pratique, résumant tous les nouveaux faits de notre époque si riche en découvertes industrielles, contient aussi les raisonnements et les théories destinés à éclairer la marche et l'appréciation des résultats des diverses opérations. L'auteur a été sobre de calculs, et s'est efforcé de ne les emprunter qu'à la partie élémentaire de l'algèbre et de la mécanique, afin de les rendre accessibles au plus grand nombre de lecteurs.

Ce Traité est divisé en huit chapitres, dont on peut apprécier approximativement l'importance par l'abrégé suivant de la table des matières :

ABRÉGÉ TRÈS-SOMMAIRE DE LA TABLE DES MATIÈRES.

CHAPITRE 1er. — *Gisements de la houille. Sondages. Travaux de recherche et de reconnaissance.*

1re SECTION. Formations carbonifères; roches encaissantes de la houille. 2°. Constitution des couches de houille. 3°. Terrains de recouvrement. Régime des eaux que contiennent les mines de houille. 4°. Des accidents qui affectent les couches. 5°. Description de quelques-uns des principaux bassins de l'Europe. 6°. Appareils de sondage. 7°. Travaux de recherche et de reconnaissance.

CHAPITRE II. — *Des moyens de pénétrer dans le sein de la terre.*

1re SECTION. Des puits et des galeries en général. 2°. Outils et instruments du mineur travaillant à la roche encaissante. 3°. Tirage à la poudre. 4° Fonçage des puits; creusement des galeries; exécution par sondage, des puits d'un grand diamètre, à l'aide du procédé de M. Kindt. 5°. Blindage ou boisage. 6°. Revêtements en maçonnerie. 7°. Cuvelages en bois, en fer et en maçonnerie. Nombreux exemples tirés de divers bassins de l'Europe. 8°. Passage des terrains mouvants et aquifères. 9°. Excavations accessoires. Chambres d'accrochage, puisards, réservoirs, etc.

CHAPITRE III. — *Aérage, éclairage, incendies souterrains.*

1re SECTION. De l'air atmosphérique et des gaz qui prennent naissance dans les mines de houille. 2°. Causes de la circulation de l'air. 3°. Aérage physique naturel. 4°. Idem artificiel : foyers, calorifères, etc. 5°. Moteurs mécaniques de l'aérage : machines à pistons et à cuves; appareils de MM. Combes, Motte, Letoret, Lesoinne, Pasquet et Fabry. Appréciation de l'effet utile des ventilateurs, indépendamment de la force motrice. 6°. Conduite et distribution de l'air dans les excavations souterraines. 7°. Eclairage : chandelles, lampes découvertes, lampes de MM. Davy, Upton, Dumesnil, Mueseler, Combes, Boty et Eloin. 8°. Résultats de la combustion des gaz détonnants. Explosions. 9°. Incendies dans les mines de houille; procédé pour les éteindre; embrasement du combustible sur le carreau des mines.

CHAPITRE IV. — *Exploitation proprement dite.*

1re SECTION. Travaux d'entaillement et d'arrachement. Outils dits à la houille. Tailles droites, obliques, à gradins droits et renversés. 2°. Anciens et nouveaux modes d'exploitation usités en Belgique : Liége, Charleroi, le centre du Hainaut et Mons. 3°. Procédés employés dans les principaux bassins de la France : Anzin, St-Etienne, Rive-de-Gier, Creuzot, Epinac et Blanzy. 4°. Systèmes d'exploitation allemands. Eschweiler, Bardenberg, la Ruhr, Saarbrucken, Haute et Basse Silésie. 5°. De l'exploitation en Angleterre : Sud du pays de Galles, Staffordshire, Shropshire, Lancastre, Northumberland et Sunderland. 6°. Observations générales sur l'exploitation des mines de houille; comparaison et classification des divers systèmes, et règles d'exploitation. 7°. Recherche d'une couche interrompue par un dérangement quelconque.

CHAPITRE V. — *Du transport.*

1re SECTION. Des voies employées pour le transport intérieur. 2°. Vases de transport usités en plusieurs localités. 3°. Moteurs : hommes, chevaux, vapeur, force de gravité. 4°. Navigation souterraine. 5°. De l'extraction. Vases; méthodes pour les recueillir; voies verticales ou glissières; cages d'Eschweiler, du Yorkshire. de Newcastle, de la mine du Piéton, près de Charleroi. 6°. Intermédiaires entre le moteur et le poids à soulever : chaînes; câbles en chanvre, en aloès et en fil de fer. Charpentes à molettes. 7°. Moteurs d'extraction : treuils, baritels, machines à vapeur, balances hydrostatiques. 8°. Appareils et opérations accessoires. Compteurs et indicateurs. Echelles en bois et en fer; discussion sur l'emploi des échelles. Parachutes. Echelles mobiles. Applications du Fahrkunst à l'extraction de la houille. 9°. Triage de la houille. Transport extérieur. Chargement des bateaux, spouts, drops, grues de Denain et autres appareils.

CHAPITRE VI. — *Assèchement des mines.*

1re SECTION. Répulsion ou endiguement des eaux. Serrements et plates-cuves de diverses formes, en bois et en maçonnerie. 2°. De l'écoulement des eaux par galeries de démergement; leur épuisement à l'aide de tonnes. 3°. Pompes élévatoires; pompes foulantes; idem à double effet. Nombreux exemples de ces appareils. 4°. Intermédiaires entre les pompes et les moteurs : maîtresses-tiges en bois et en fer; parachutes; balanciers de contre-poids. 5°. Installation dans les puits des pompes et de leurs accessoires. Montage des pompes dans les puits en creusement. 6°. Moteurs de l'épuisement : hommes, chevaux, machines dites de Cornwall; idem à traction directe; machines à colonne d'eau. Application de la pression atmosphérique à l'assèchement des mines.

CHAPITRE VII. — *Économie domestique des mines de houille.*

1re SECTION. Matières premières. Fabrication des briques; sables, cendres, chaux, mortiers: bois, fer, huile, graisses, poudre, papier, etc. 2°. Matériel comprenant la fabrication et le prix de revient des outils, des vases de transport, chemins de fer. Câbles en chanvre, en aloès et en fer. Machines, etc. 3°. Main-d'œuvre. Effet utile des mineurs dans les percements, les revêtements en bois et en maçonnerie, les cuvelages et les serrements. Passage des terrains mouvants. 4°. Arrachement de la houille et travaux accessoires. Effets utiles constatés en Belgique, en France, en Allemagne et en Angleterre. Influence des circonstances de gisement sur les produits de l'arrachement. Diverses conditions de travail. 5°. Transport intérieur, extraction. Effets utiles observés dans les mêmes localités que ci-dessus. 6°. Administration; redevances à l'Etat et au possesseur du sol. Etablissement des prix de revient. Evaluation du capital d'une mine. Vente et valeur relatives des diverses espèces de houille.

CHAPITRE VIII. — *Plans de mines; percements souterrains et solutions de quelques problèmes relatifs au gisement.*

1re SECTION. Instruments et relevé dans les mines. 2°. Calculs préliminaires à l'aide desquels on modifie les angles et les lignes. Rapporter au méridien les angles azimutaux. Méthode des coordonnées. Corrections des erreurs provenant de l'excentricité des instruments. 3°. Tracé des plans des ouvrages souterrains. Plans horizontaux, coupes, etc. 4°. Percements souterrains, exemples. Problèmes relatifs aux mines. Diverses méthodes pour tracer une méridienne. Emploi de cette ligne.

CONDITIONS DE LA SOUSCRIPTION.

L'ouvrage complet formera 4 beaux volumes in-8° de texte d'environ 500 pages, accompagnés d'un atlas in-folio de 74 planches, gravées avec soin, imprimées sur beau papier vélin.

Il sera publié en quatre parties, comprenant chacune le quart des planches de l'atlas et un volume de texte.

PRIX DE CHAQUE PARTIE. . . . . 20 FRANCS.

AVIS. — Aussitôt après la mise en vente de la troisième partie, la liste de souscription sera close et le prix invariablement fixé à 25 fr. par partie.

ATLAS

DU

TRAITÉ DE L'EXPLOITATION

DES

MINES DE HOUILLE.

offrant,

AU MOYEN D'EXEMPLES CHOISIS DANS LES ÉTABLISSEMENTS
LES PLUS REMARQUABLES DE L'EUROPE,

L'ENSEMBLE COMPLET

DES TRAVAUX RELATIFS A L'ART DU HOUILLEUR,

PAR

A. T. PONSON,

Ingénieur civil des mines.

LIÉGE,

chez E. NOBLET, ÉDITEUR

Rue St Remy, 18.

TABLE DES PLANCHES.

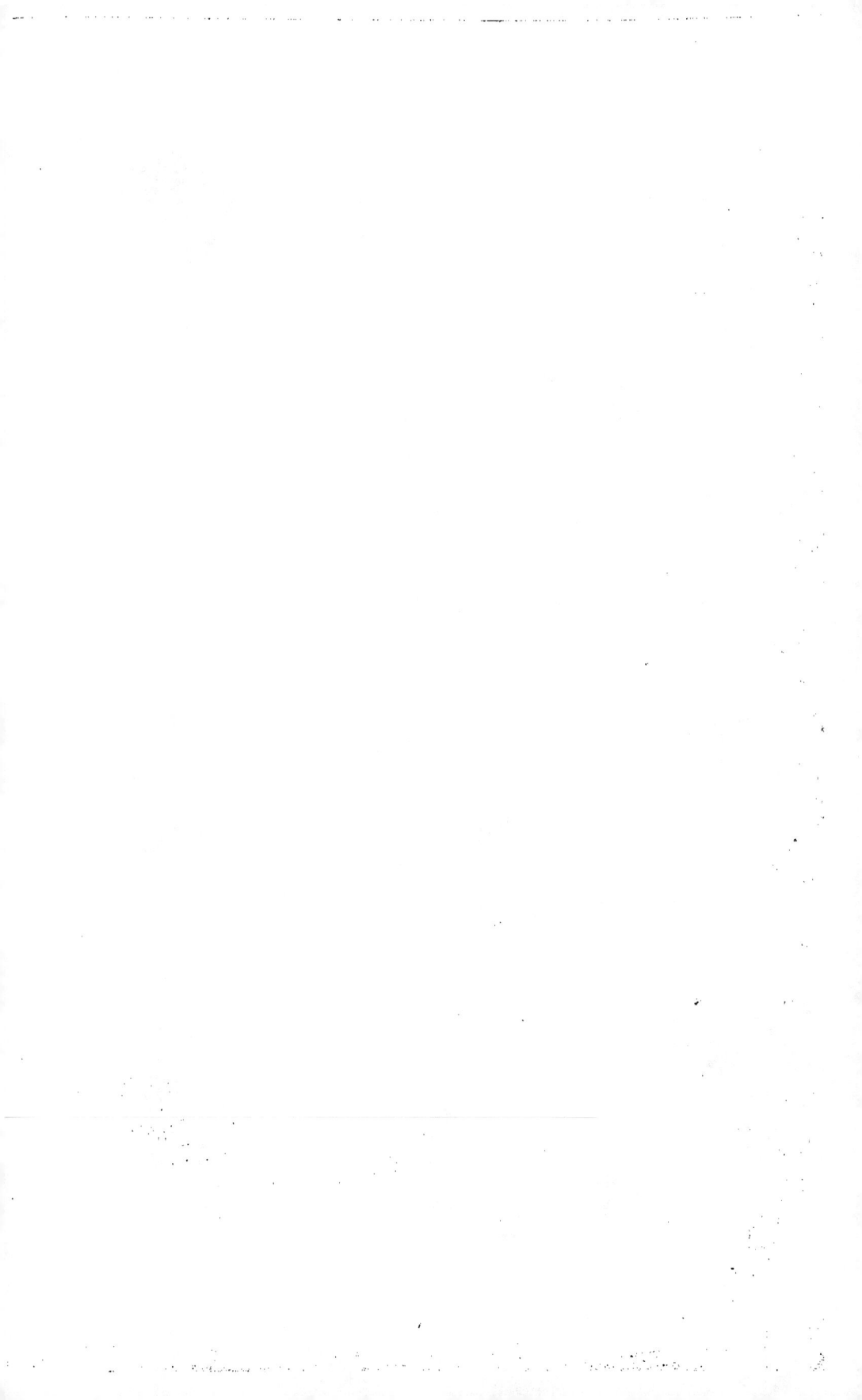

COAL SEAMS, SLIPS AND FAULTS.

STEINKOHLENFLOETZE. VERWERFUNGEN.

Fig. 1.

Fig. 2.

Fig. 13. NEULANGENBERG.

Fig. 14. MINE D'YVOZ.

Fig. 16.

Fig. 3.

Fig. 15.

Fig. 4.

Fig. 6.

Fig. 7.

Fig. 10.

Fig. 8.

Fig. 9.

Fig. 3 ter.

Fig. 3 bis.

Fig. 3 kk.

Fig. 11. MINE DE L'AGRAPPE.

Fig. 12. MINE DES SIX BONIERS.

Fig. 10. MINE GÉVALT.

PL. 1.

Publié de F. Gilon, Éditeur à Liége.

FAILLES, RENFLEMENS, ÉTRANGLEMENS, ETC.

PL. II.

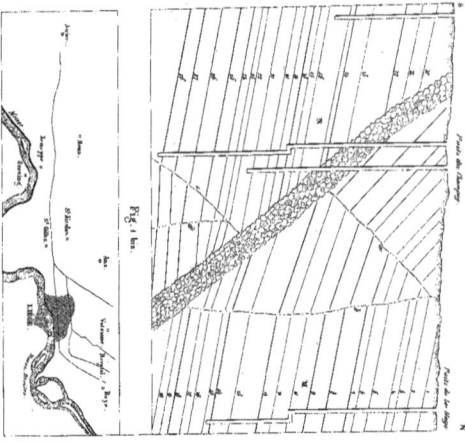

Fig. 1. FAILLE DE ST GILLES.

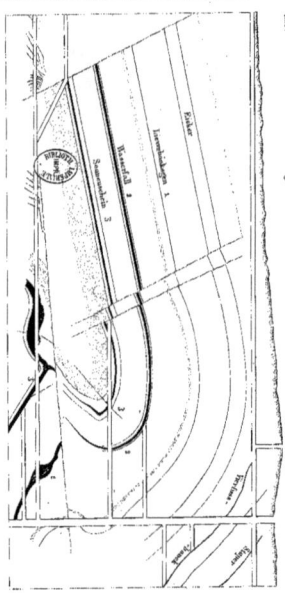

Fig. 2. MINE DE KUNSTWERKER.

Fig. 1 bis.

Fig. 3.

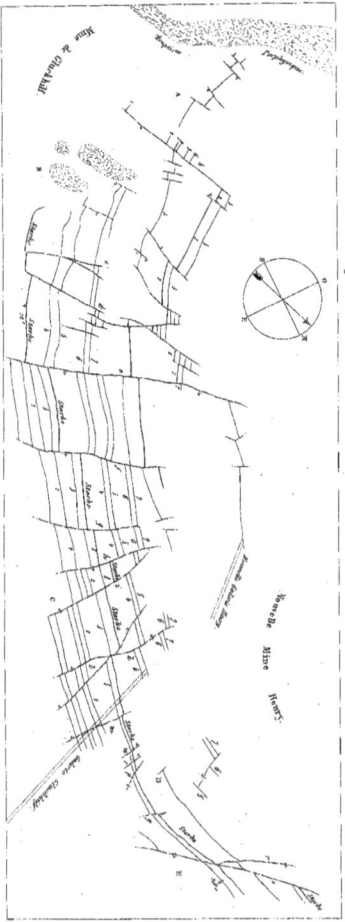

Fig. 3 bis. DISTRICT DE WALDENBOURG. Silesie.

Fig. 7.

Fig. 6.

Fig. 5.

Fig. 8.

Fig. 9.

Fig. 10.

Fig. 11.

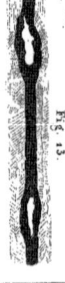

Fig. 12.

Fig. 13.

SLIPS AND FAULTS; COAL SWELLING, NIPS, &c.

VERWERFUNGEN UND ÄHNLICHE STÖRUNGEN DER FLÖTZE.

PL. III.

Fig. 1. LIÈGE.

SUD. NORD.

Meuse Riv. — Concession du Val Benoit. — P. du Val Benoit. — Concession du Bois d'Avroy. — C. du Bois d'Avroy. — St. Gilles. — Concession de la Haye. — Basnulle Haye. — Glain. — Concession de Bougnée et Lairesse. — Ans. — V. de la Violence. — V. du Laffelde.

Fig. 2. CHOKIER.

MID. NORD.

Meuse. — Meuse Rivière. — Château de Chokier. — Bois des Moines. — Baldus Lalore.

Fig. 3. CHARLEROI. Partie Septentrionale.

SUD. NORD.

Puits N° 3. — Cance du Martinet. — Puits N° 4. — P. N° 4 du Martinet. — San. les Membres. — Concession du Bois d'Heigne. — Galerie d'exploitation. — Puits d'otteis. — Tournelle. — P. Minerve. — Puits Nord. — P. Bonnoît. — P. Alexis.

Fig. 3. CHARLEROI. Partie Méridionale.

SUD. NORD.

Carrières de Mont sur Marchiennes. — Galerie. — Concession de Falisolle. — Galerie d'exploitation. — P. St Martin. — Com. de St Martin. — P. Ste Sophie. — Concession de Puits N° 1.

Fig. 4. CENTRE DE HAINAUT.

SUD. NORD.

St. Ascensaut. — St. Isabelle. — St. Isabelle.

Fig. 5. COUCHANT DE MONS.

SUD. NORD.

Englie. — Marceau Fontaine. — L'Agrappe. — Grand trait. — Flamme. — Longterme. — Pognery Puits N° 4. — Louteau. — P. Ste Marie. — Crachet. — Produits. — P. St Caroline. — P. Ste Eléonore. — Pompe le feu. — l'aria de Belle et Boine. — St Honorée. — Pompe de feu. — L'anga de femme. — Société. — Porluspin. — Jemmappes. — Canal de Mons à Condé.

Figures 1, 2, 3, 4 et 5. H. à éch. = 1 M. en terre.

Figure 3. H. à éch. = 1 M. en pieds.

Rodolf et Naydler, Editeur à Liège.

FORMATION CARBONIÈRE DU COUCHANT DE MONS.

PL. III bis.

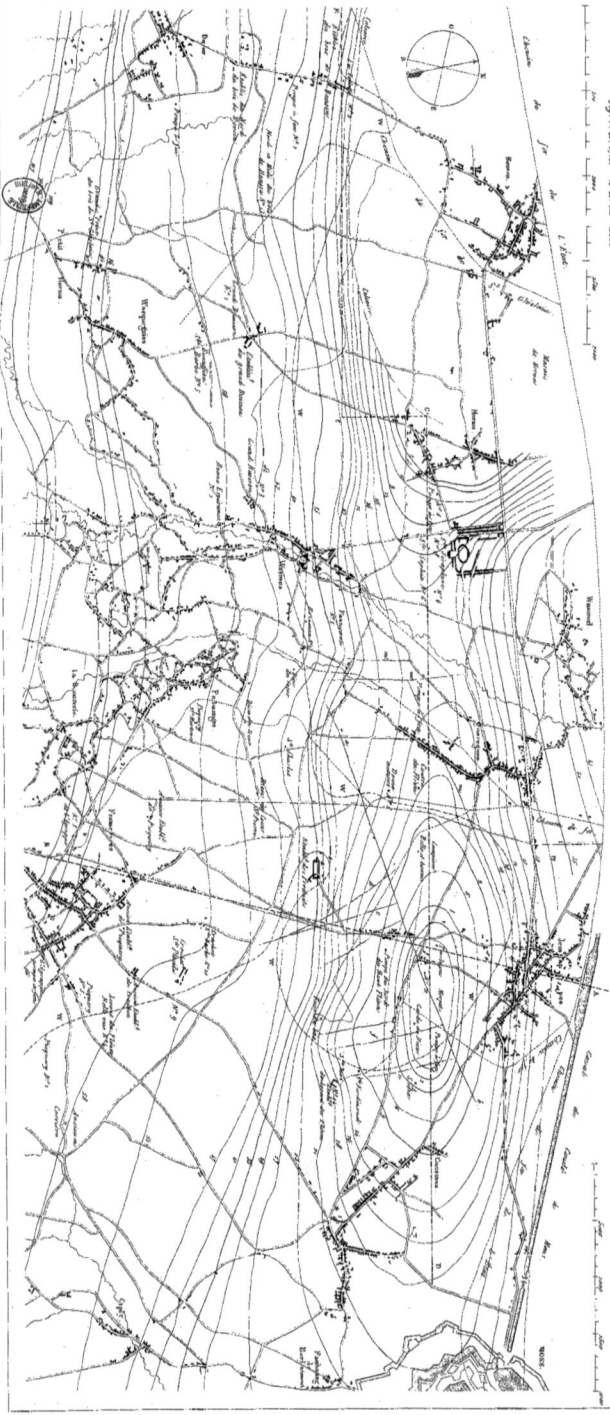

WEST COAL FORMATION OF MONS.

KOHL. ABLAGERUNG WESTLICH VON MONS.

Fig. 1. COUPE LONGITUDINALE SUIVANT E, C, CD.

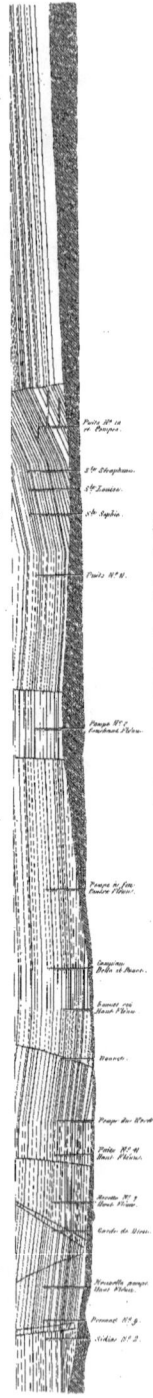

Fig. 2. TRACÉ DES AFFLEUREMENS.

Fig. 1. AIZIN.

Fig. 2. MONTCHANIN.

Fig. 3. Coupe suivant A. B.

Fig. 4. RIVE DE GIER.

Fig. 5. CREUZOT.

Fig. 6. Coupe suivant C. D.

Fig. 7. MONTCEAU. Concession de BLANZY. Coupes perpendiculaires à la direction.

Fig. 8. St ÉTIENNE. Coupe Longitudinale. Concession de Roche la Molière.

Fig. 9. St ÉTIENNE. Coupe Longitudinale. Concession de Meusse.

Fig. 10. St ÉTIENNE. Coupe Transversale.

COMPAGNIE FRANCE.

ROHLEN ABLMEIER56. PILAREREICH

BASSINS HOUILLERS. ALLEMAGNE. ANGLETERRE.

PL. V.

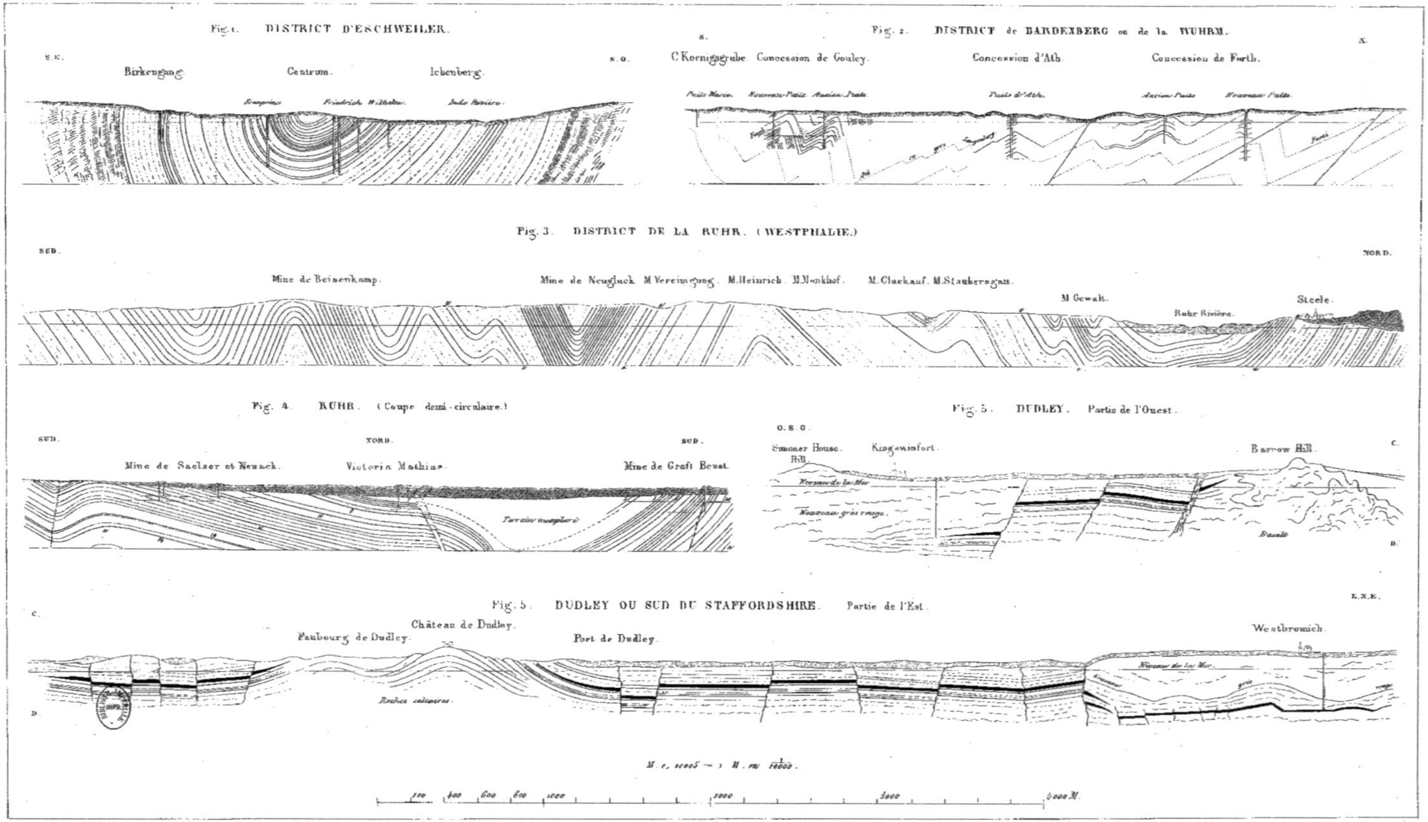

Fig. 1. DISTRICT D'ESCHWEILER.

Birkengang.   Centrum.   Ichenberg.

Fig. 2. DISTRICT de BARDENBERG ou de la WURM.

C. Königsgrube.   Concession de Gouley.   Concession d'Ath.   Concession de Furth.

Fig. 3. DISTRICT DE LA RUHR. (WESTPHALIE.)

Mine de Bezenkamp.   Mine de Neuglück.   M. Vereinigung.   M. Heinrich.   M. Neulauf.   M. Charkauf.   M. Sizalbergus.   M. Gewalt.   Ruhr Rivière.   Stede.

Fig. 4. RUHR. (Coupe demi-circulaire.)

Mine de Saalaer et Neurath.   Victoria Mathias.   Mine de Graff Berat.

Fig. 5. DUDLEY. Partie de l'Ouest.

Primrose House Hill.   Kingswinford.   Barrow Hill.   Westbrwich.

Fig. 5. DUDLEY OU SUD DU STAFFORDSHIRE. Partie de l'Est.

Faubourg de Dudley.   Château de Dudley.   Port de Dudley.

COALFIELDS. GERMANY. ENGLAND.

STEINKOHLENGEBIRGE. DEUTSCHLAND. ENGLAND.

PARTIE DU BASSIN DE LA RUHR.

POSITION OF THE COALFIELDS OF THE RUHR.

THEIL DES DER RUHR BEZIRK.

Marnes calcaires.

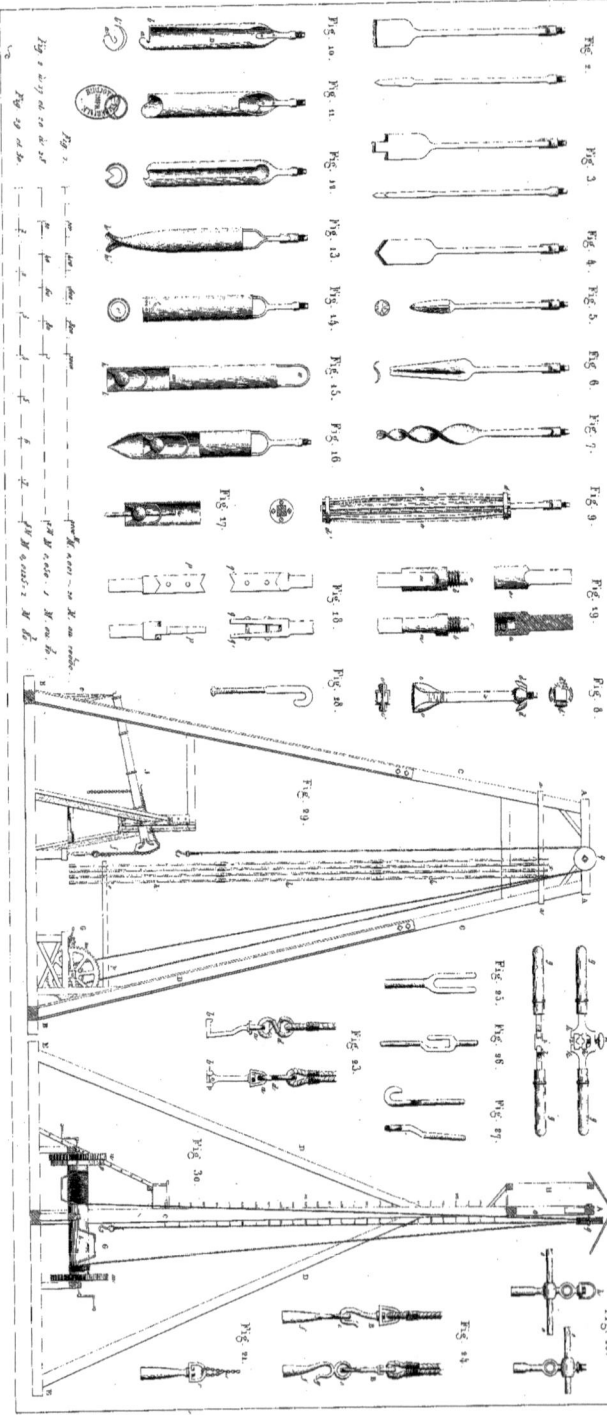

APPAREILS DE SONDAGE.

FIG. 1. BASSIN HOUILLER DES ENVIRONS DE NEWCASTLE SUR TYNE.

PL. VII.

APPAREILS DE SONDAGE, TRAVAUX DE RECHERCHES.

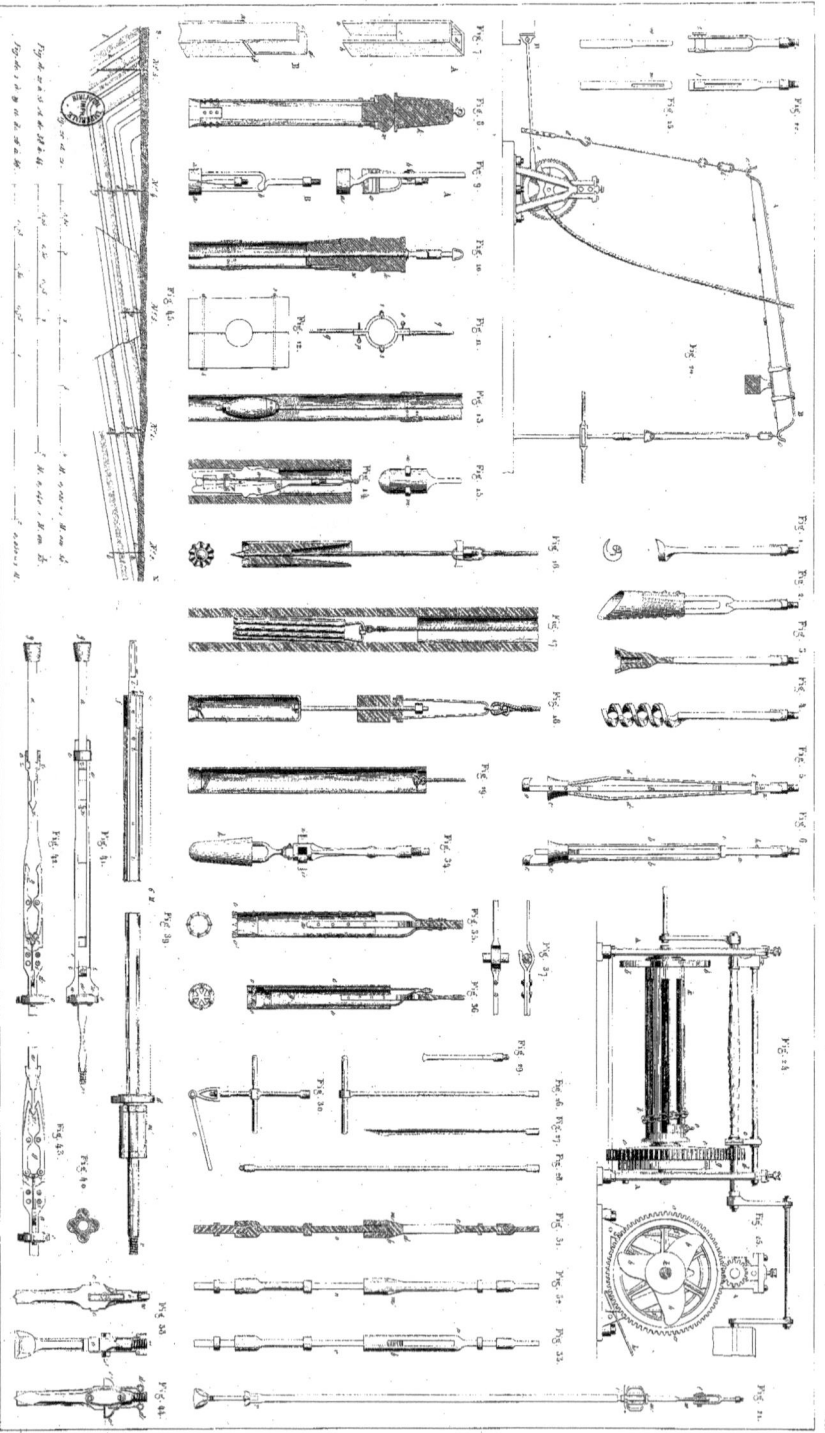

BORING APPARATUS. SEARCHING FOR COALS.

RECHERCHE APPARATE. UNTERSUCHUNGSBAUE.

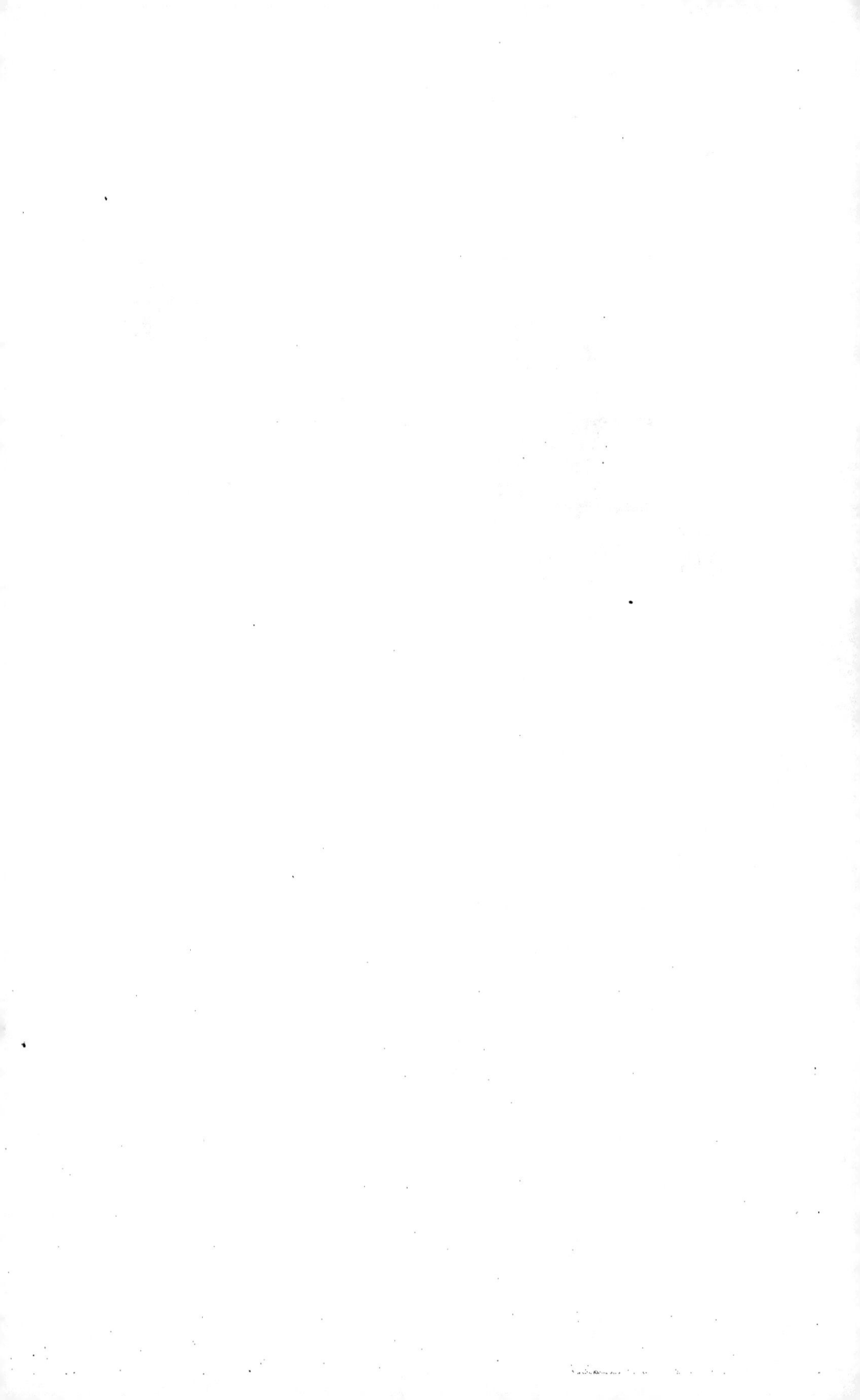

OUTILS DU MINEUR.

PL. IX

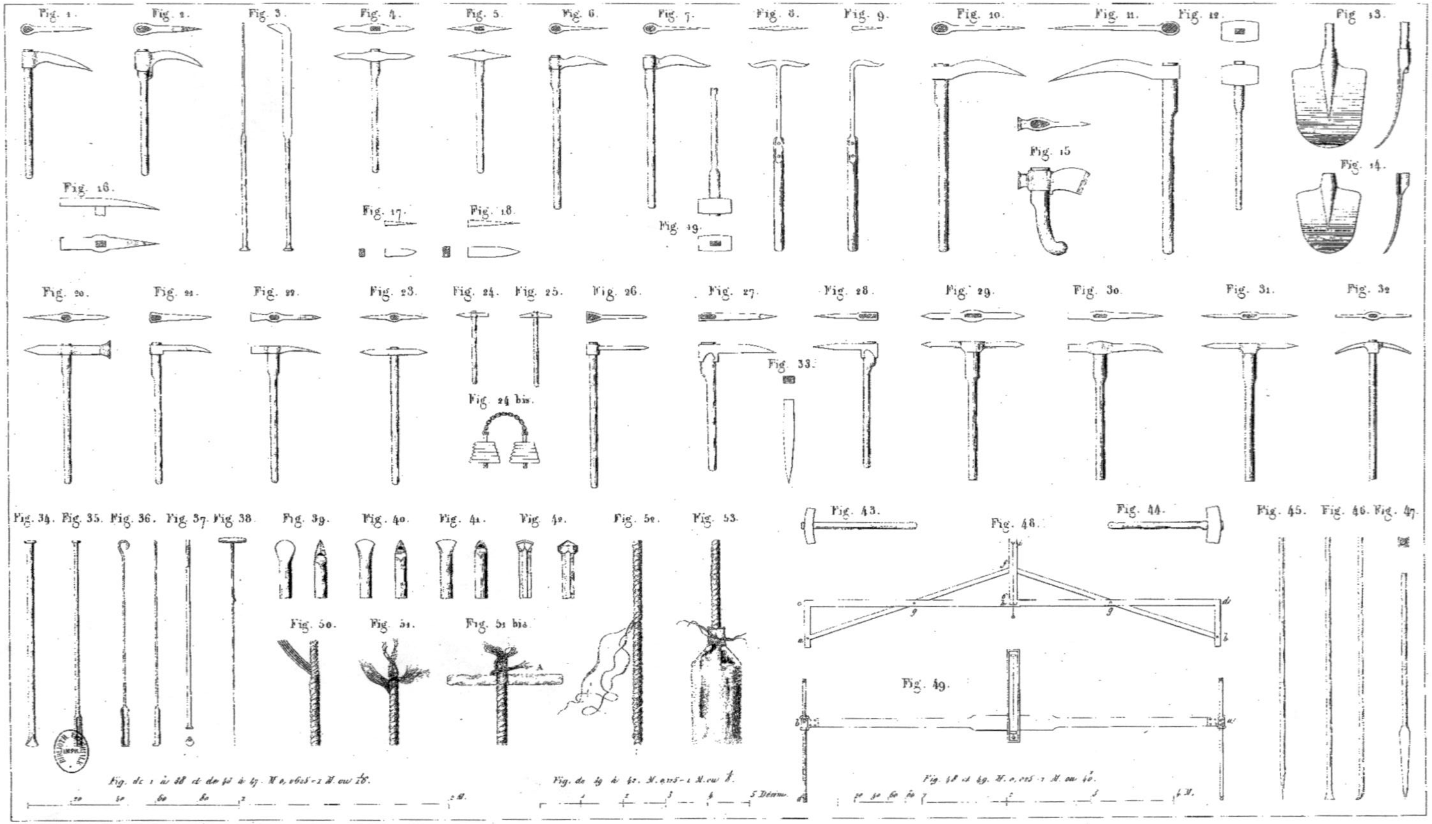

Fig. 1. Fig. 2. Fig. 3. Fig. 4. Fig. 5. Fig. 6. Fig. 7. Fig. 8. Fig. 9. Fig. 10. Fig. 11. Fig. 12. Fig. 13. Fig. 14. Fig. 15 Fig. 16. Fig. 17. Fig. 18. Fig. 19.
Fig. 20. Fig. 21. Fig. 22. Fig. 23. Fig. 24. Fig. 25. Fig. 26. Fig. 27. Fig. 28. Fig. 29. Fig. 30. Fig. 31. Fig. 32 Fig. 33. Fig. 24 bis.
Fig. 34. Fig. 35. Fig. 36. Fig. 37. Fig. 38. Fig. 39. Fig. 40. Fig. 41. Fig. 42. Fig. 52. Fig. 53. Fig. 43. Fig. 44. Fig. 45. Fig. 46. Fig. 47. Fig. 48. Fig. 49. Fig. 50. Fig. 51. Fig. 51 bis.
5 Décim.

COLLIERS' TOOLS.

Établt de F. Noblet, Éditeur à Liège.

BERGMAENNISCHE GEZAEHE.

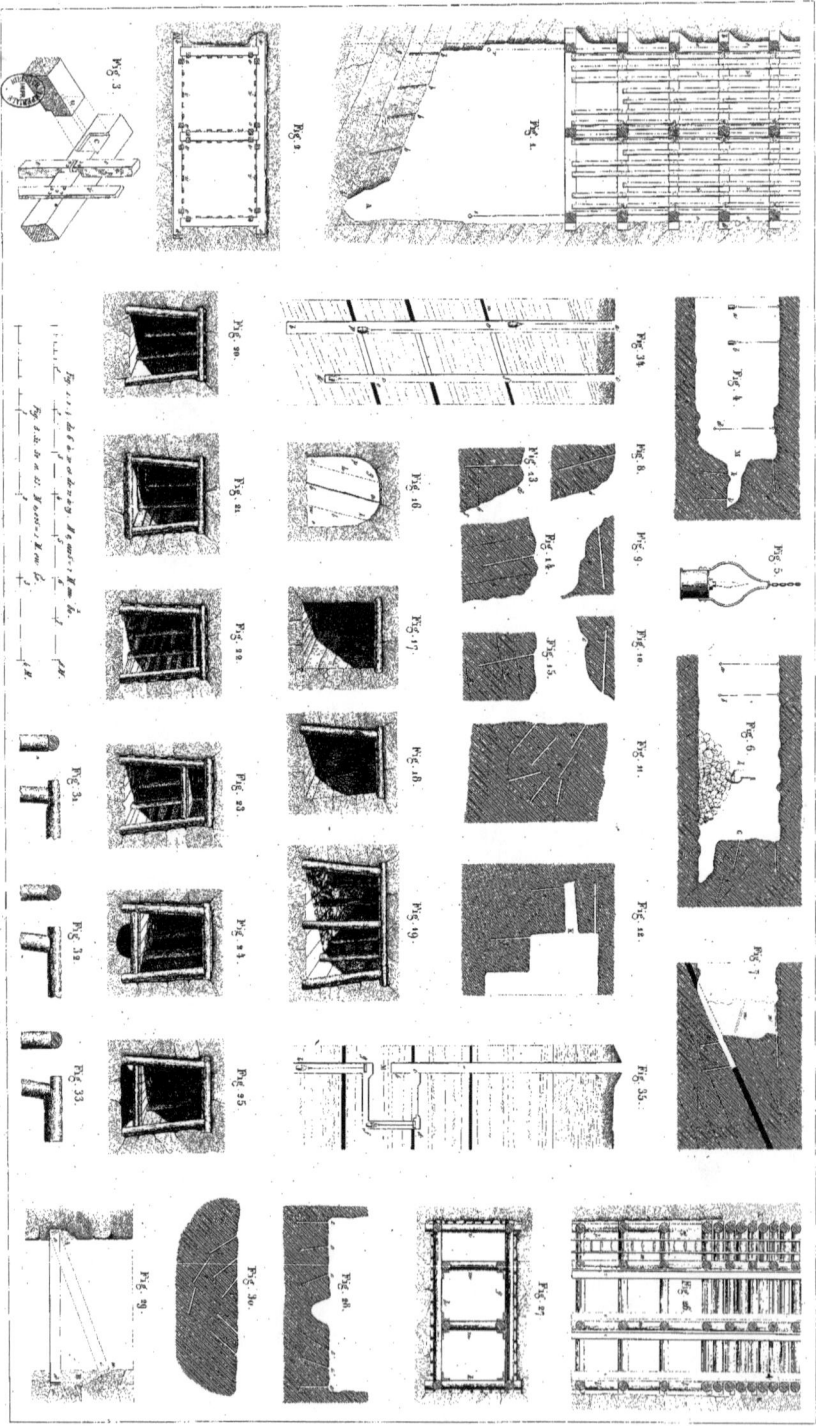

SINKING OF SHAFTS. DRIVING OF ADITS. TIMBERING.

ABTEUFEN DER SCHÄCHTE. UND STRECKENBETRIEB. VERZIMMERUNG.

PL. I.

FORAGE ET CUVELAGE DES PUITS. PROCÉDÉ DE Mr. KINDT.

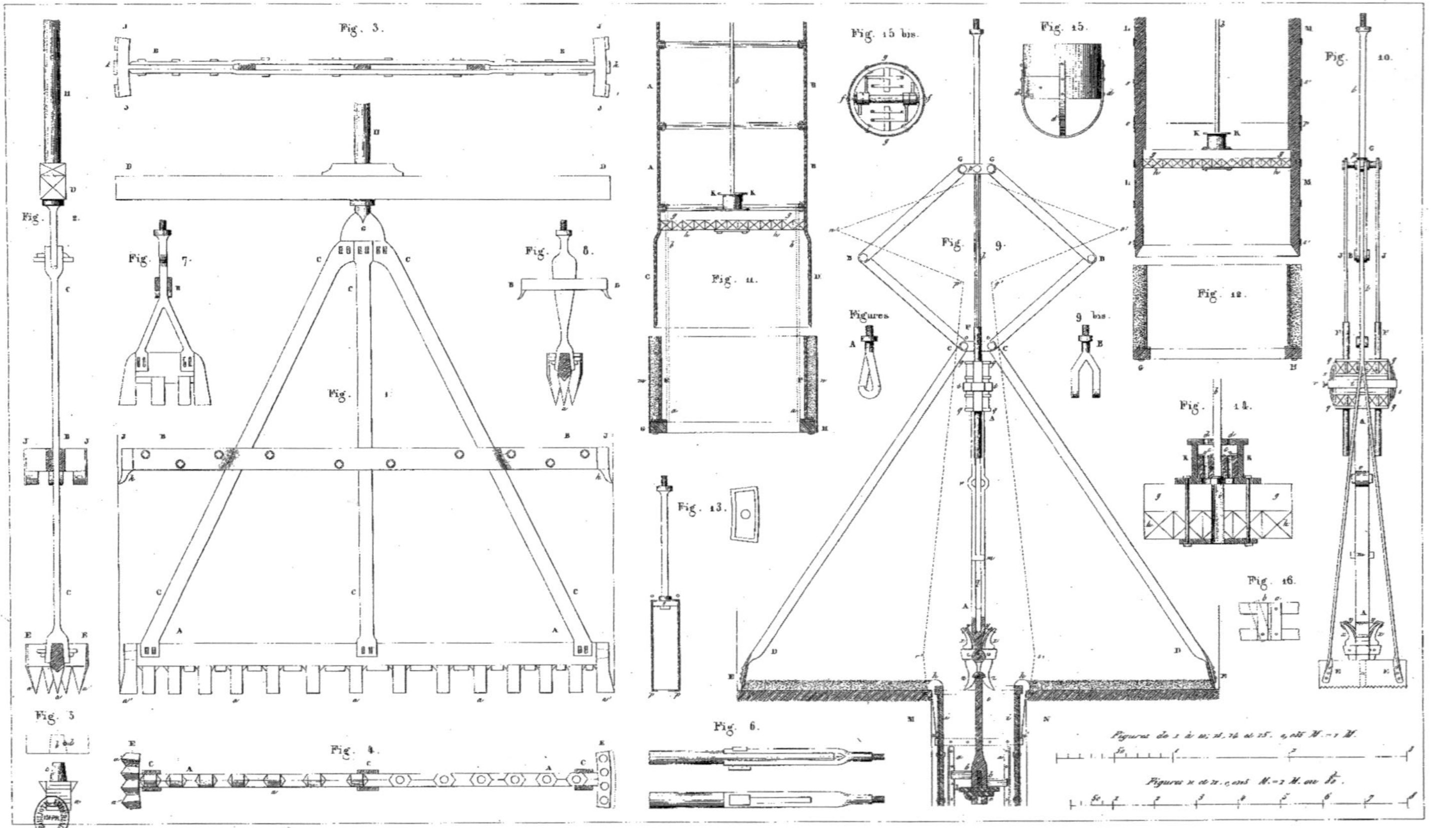

SHAFT BORING AND TUBING ACCORDING TO Mr KINDT'S PROCEEDING.

KINDT'SCHER SCHACHTBOHR UND WASSERDICHTER ABDAEMMERUNG.

Fig. 3.

Fig. 4.

Fig. 5.

Fig. 6.

Fig. 7.

Fig. 8.

Fig. 9.

Fig. 9 bis.

Fig. 10.

Fig. 11.

Fig. 12.

Fig. 13.

Fig. 14.

Fig. 15.

Fig. 15 bis.

Fig. 16.

Figures.

Imp.r à la L.th Kaeckel, Editeur à Liège.

Pl. XII.

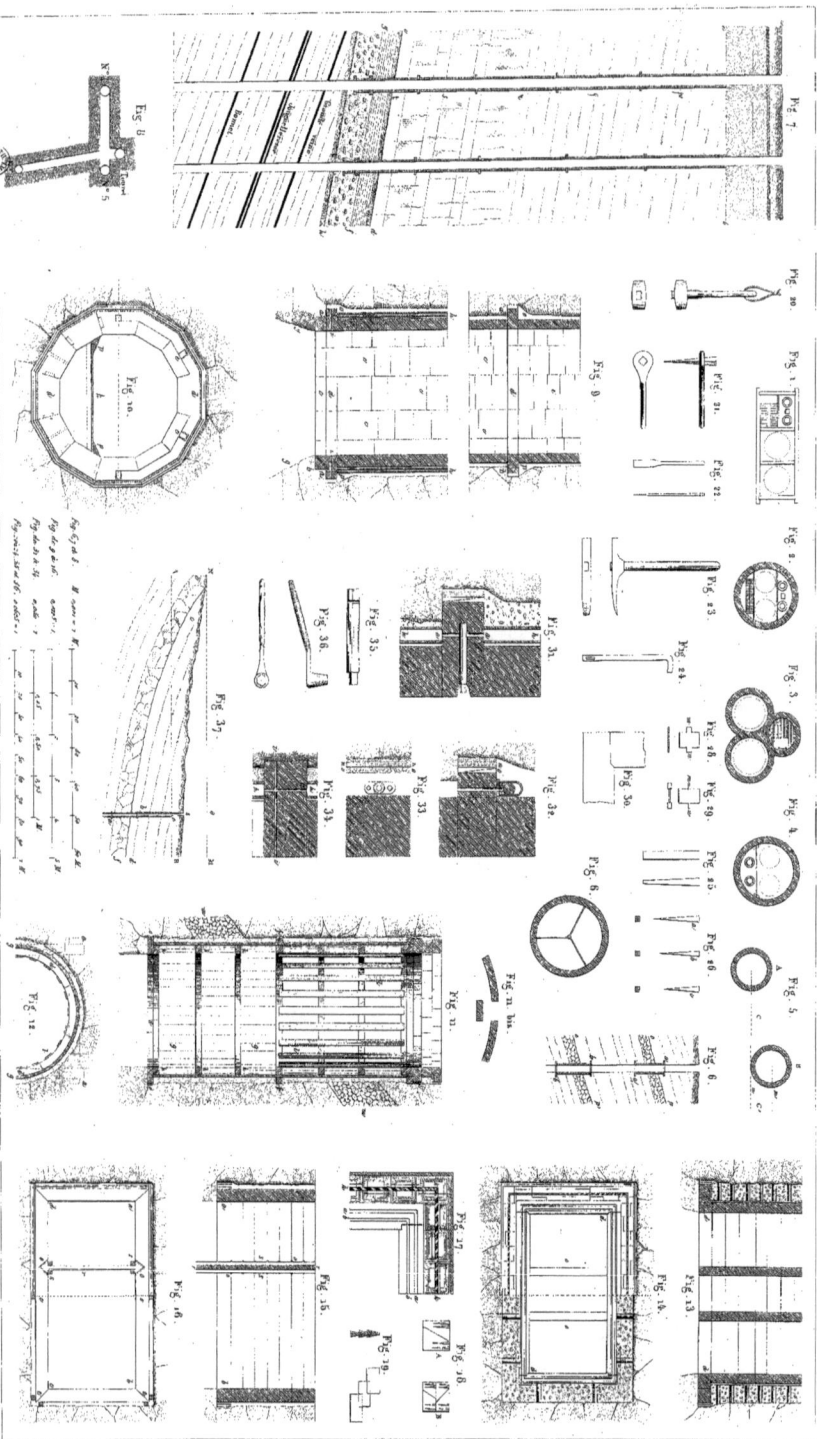

CUVELAGES EN BOIS.

Imp.t de l'Echo, Editeur à Liège

SOLID WOOD CRIBBING.

HÖLZERNER WASSERKÄSTEN SCHACHT AUSBAU.

Fig. 7.

Fig. 8.

Fig. 9.

Fig. 10.

Fig. 11.

Fig. 12.

Fig. 13.

Fig. 14.

Fig. 15.

Fig. 16.

Fig. 17.

Fig. 18.

Fig. 19.

Fig. 20.

Fig. 21.

Fig. 22.

Fig. 23.

Fig. 24.

Fig. 25.

Fig. 26.

Fig. 27.

Fig. 28.

Fig. 29.

Fig. 30.

Fig. 31.

Fig. 32.

Fig. 33.

Fig. 34.

Fig. 35.

Fig. 36.

Fig. 37.

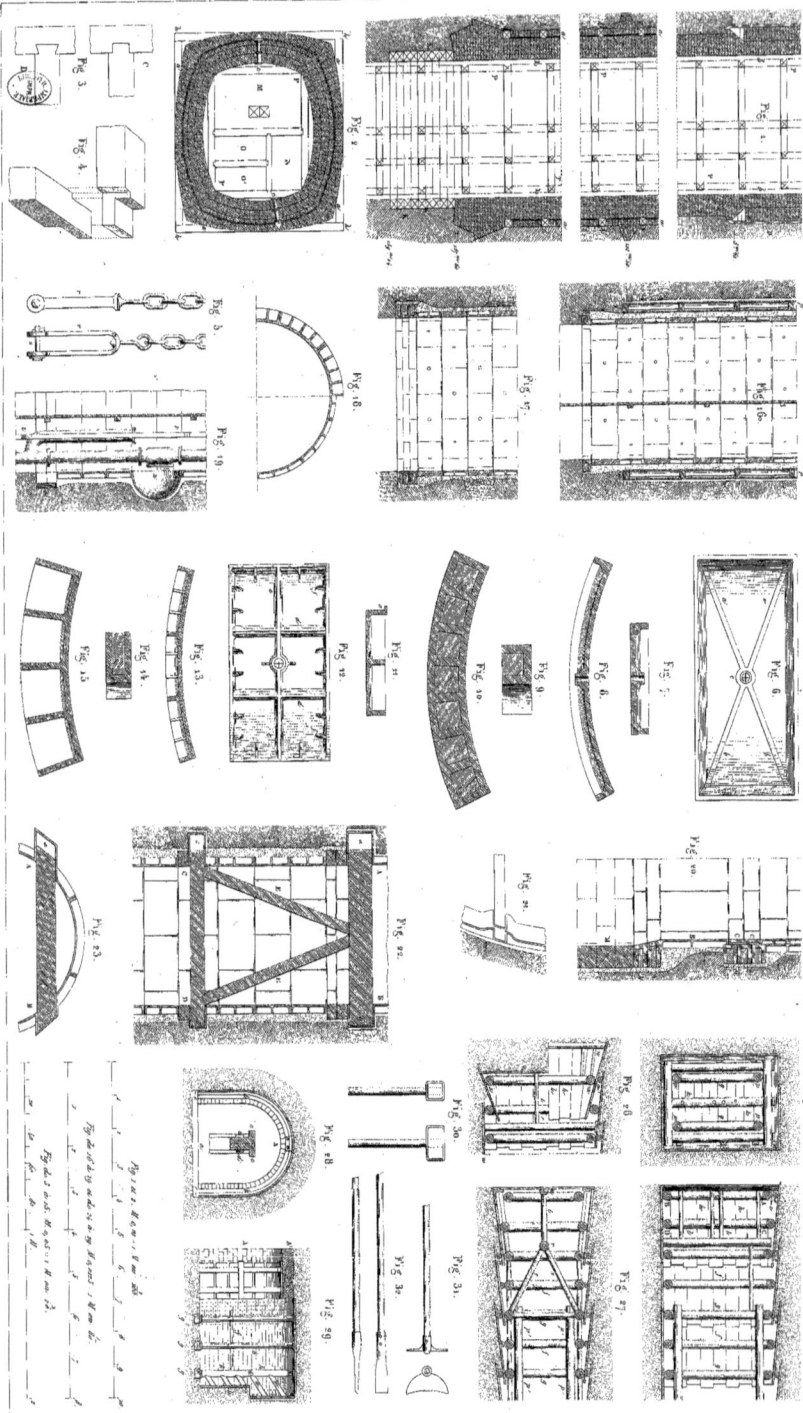

CUVELAGES EN MAÇONNERIE ET EN FER. GALERIES EN TERRAINS MOUVANS.

MASONRY AND CASTIRON TUBING. ADIT THROUGH COVER OF QUICKSAND.

GEMAUERTER UND GUSSEISERNER WASSERDICHTER SCHACHTSBAU.

PL XIV.

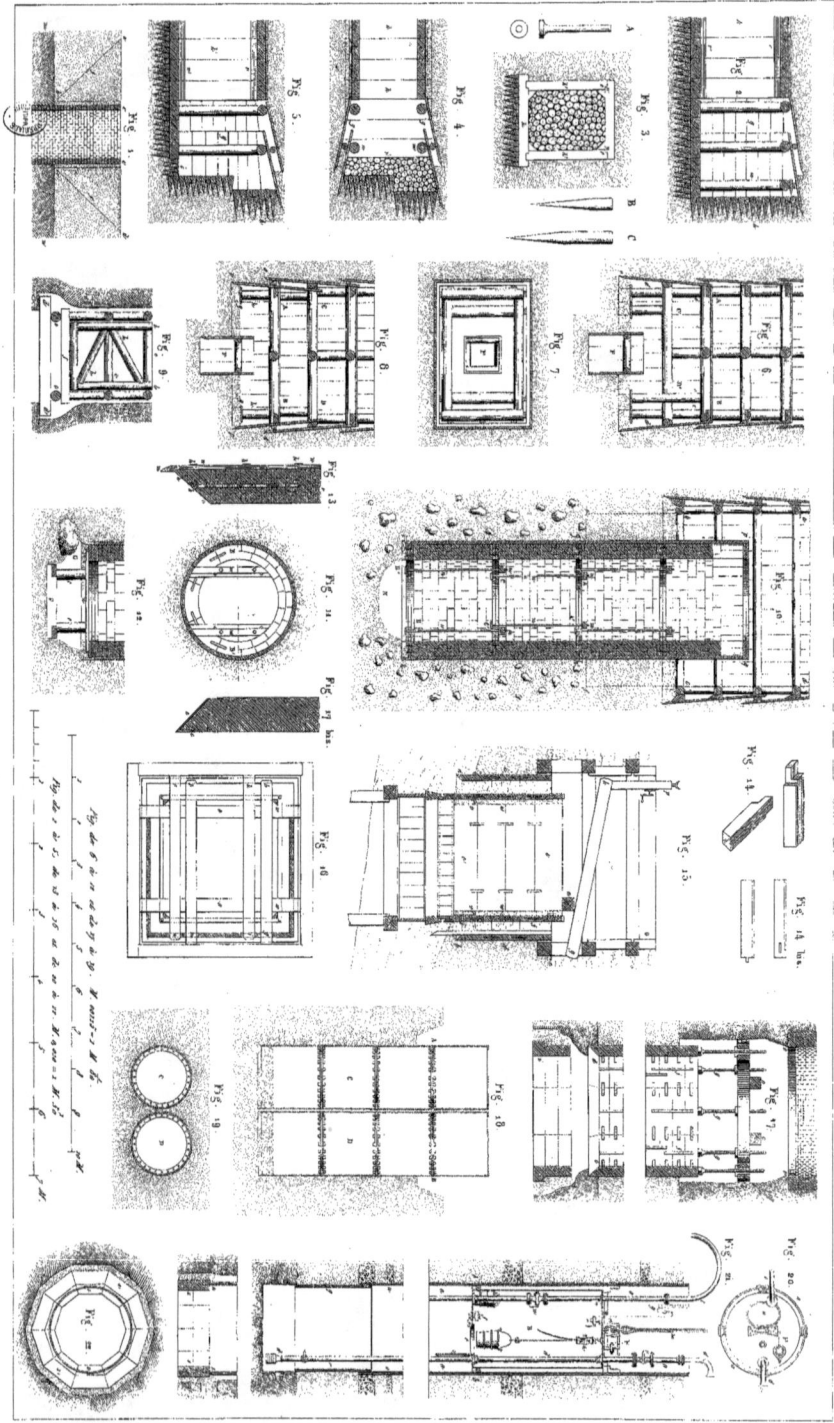

EMPLOI DE L'AIR COMPRIMÉ APPAREIL DE STREPPY BRACQUEGNIES.

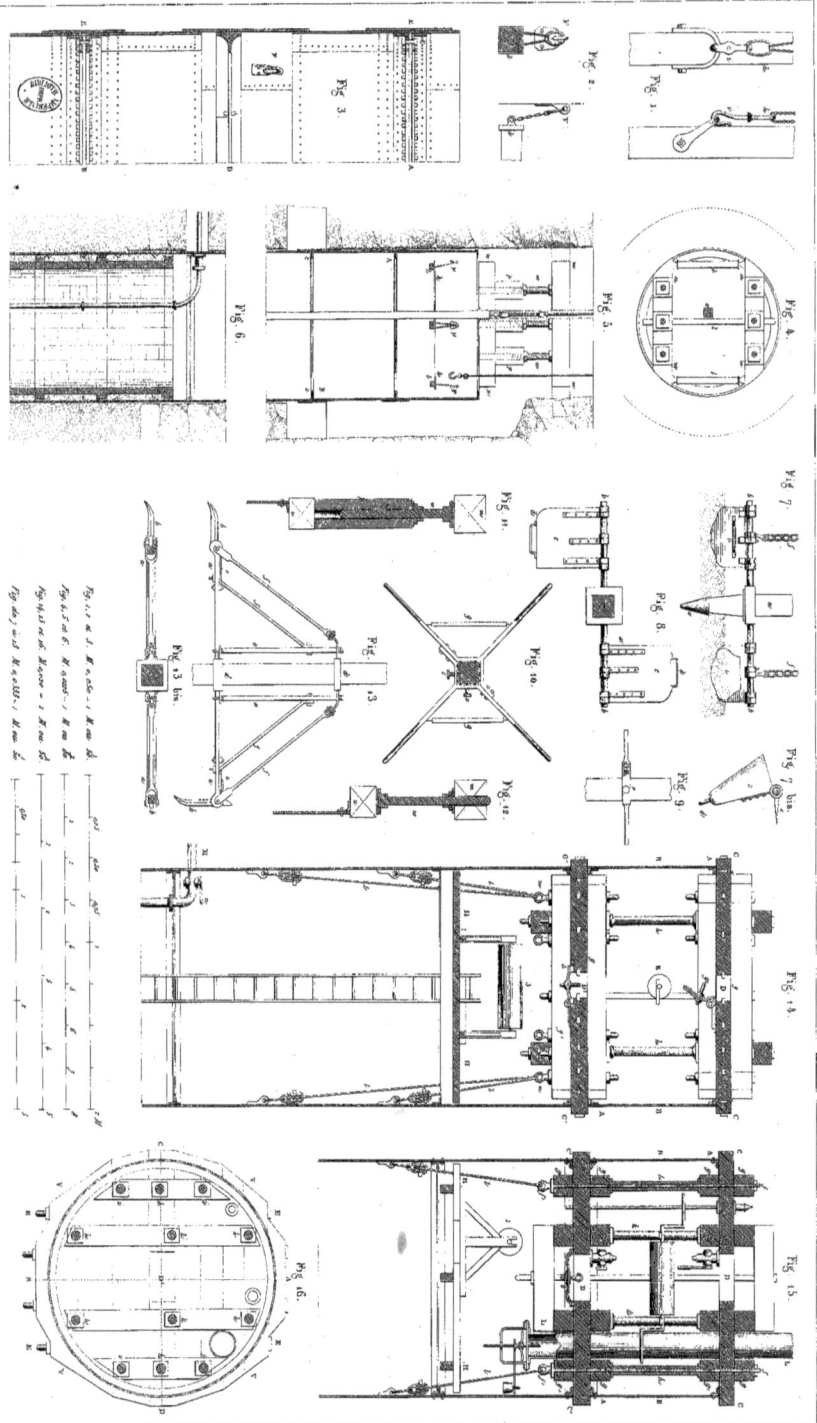

Fig. 1.

Fig. 2.

Fig. 3.

Fig. 4.

Fig. 5.

Fig. 6.

Fig. 7.

Fig. 8.

Fig. 7 bis.

Fig. 9.

Fig. 11.

Fig. 10.

Fig. 13 bis.

Fig. 12.

Fig. 13.

Fig. 14.

Fig. 15.

Fig. 16.

USE OF COMPRESSED AIR. APPARATUS OF STREPPY BRACQUEGNIES.

ANWENDUNG DER COMPRIMIRTEN LUFT. APPARAT VON STREPPY BRACQUEGNIES.

Fig. 1, 2 et 3. M. o, 60m. d.
Fig. 4, 5 et 6. M. 0,05m. d.
Fig. 7, 8, 9, 10, 11 et 12. M. 0,05m. d.
Fig. 13, 14 et 15. M. 0,10m. d.
Fig. 13, 14 et 15. M. 0,033m. M. 0,05m. d.

0m,60
0m,50
0m
1m
2m

Imp. Ch. L. Vidon. Éditeur à Liège.

Mʳ WOLSKY'S PROCESS, PIT EYES &c.

VERFAHREN DES HERRN WOLSKY, FÜLLÖRTER, &c.

PL. XVI.

Fig. 1 bis.
Fig. 1.
Fig. 2.
Fig. 3.
Fig. 4.
Fig. 5.
Fig. 6.
Fig. 7.
Fig. 8.
Fig. 9.
Fig. 10.
Fig. 11.
Fig. 12.
Fig. 13.
Fig. 14.
Fig. 15.
Fig. 16.
Fig. 17.
Fig. 18.
Fig. 19.
Fig. 20.
Fig. 21.
Fig. 22.
Fig. 23.
Fig. 24.
Fig. 25.
Fig. 26.

AÉRAGE DES MINES; FOYERS; ANCIENNES MACHINES PNEUMATIQUES.

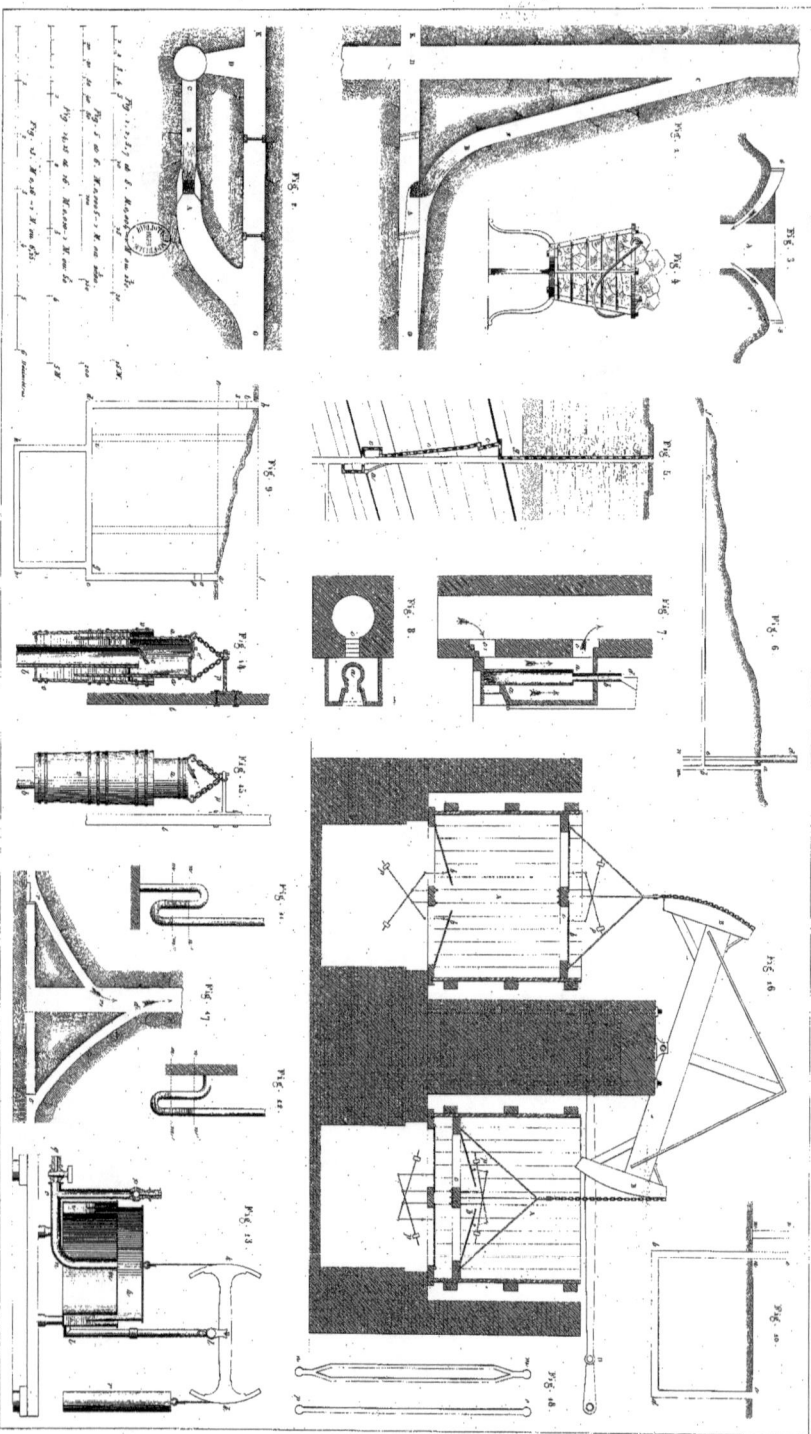

VENTILATION OF THE COLLIERIES; FURNACES; OLD PNEUMATIC ENGINE.

AUSWETTERUNG DER GRUBEN; ÖFEN; ALTE PNEUMATISCHE MASCHINE.

1853

Pl. XVIII.

Fig. 1. Fig. 2. Fig. 3. Fig. 4. Fig. 5. Fig. 6. Fig. 7. Fig. 8. Fig. 9. Fig. 10. Fig. 11. Fig. 12. Fig. 13. Fig. 14. Fig. 15. Fig. 16. Fig. 17. Fig. 18.

Lith. de F. Fabre, Éditeur à Liège.

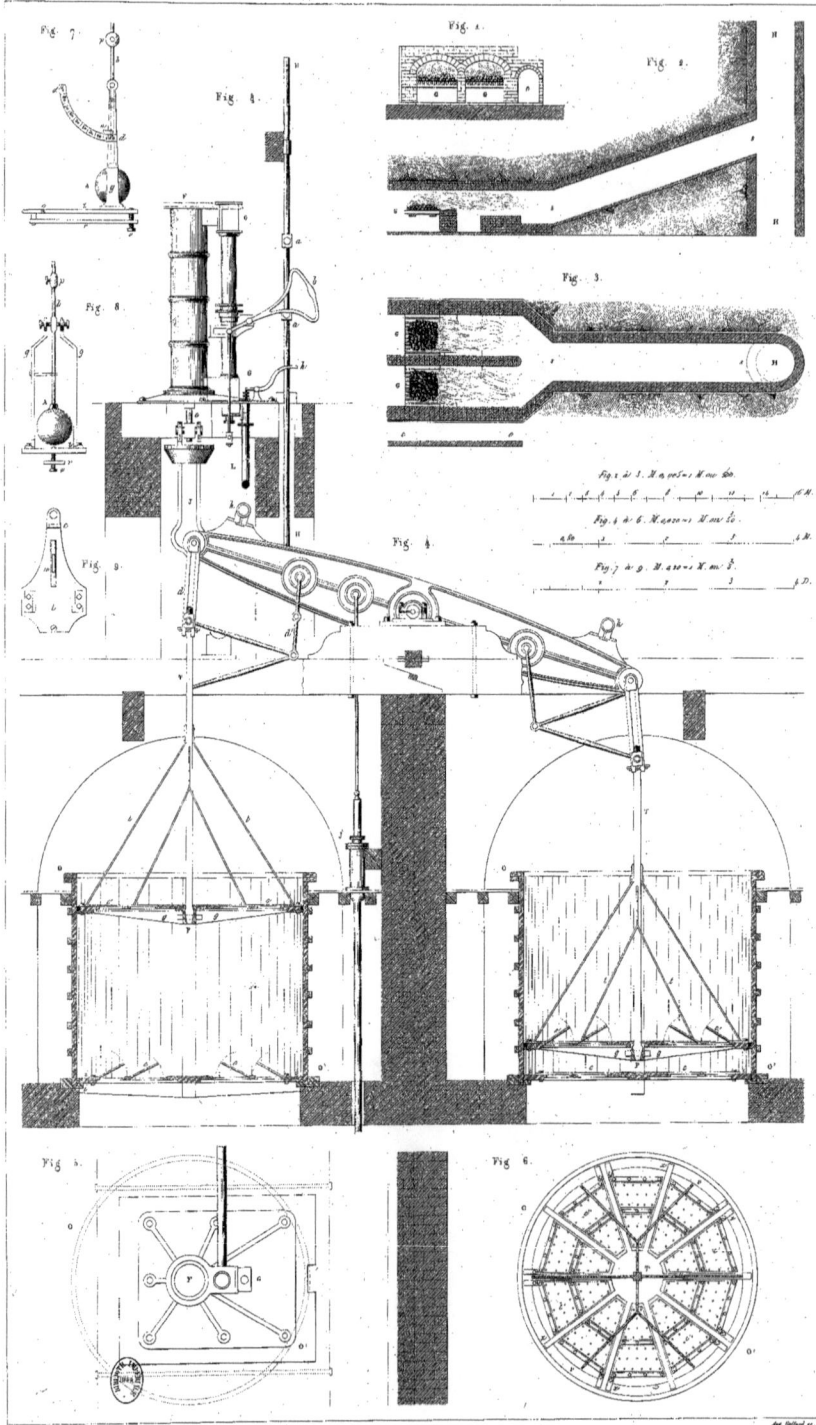

Fig. 7.

Fig. 1.

Fig. 2.

Fig. 8.

Fig. 4.

Fig. 3.

Fig. 9.

Fig. 4.

Fig. 5.

Fig. 6.

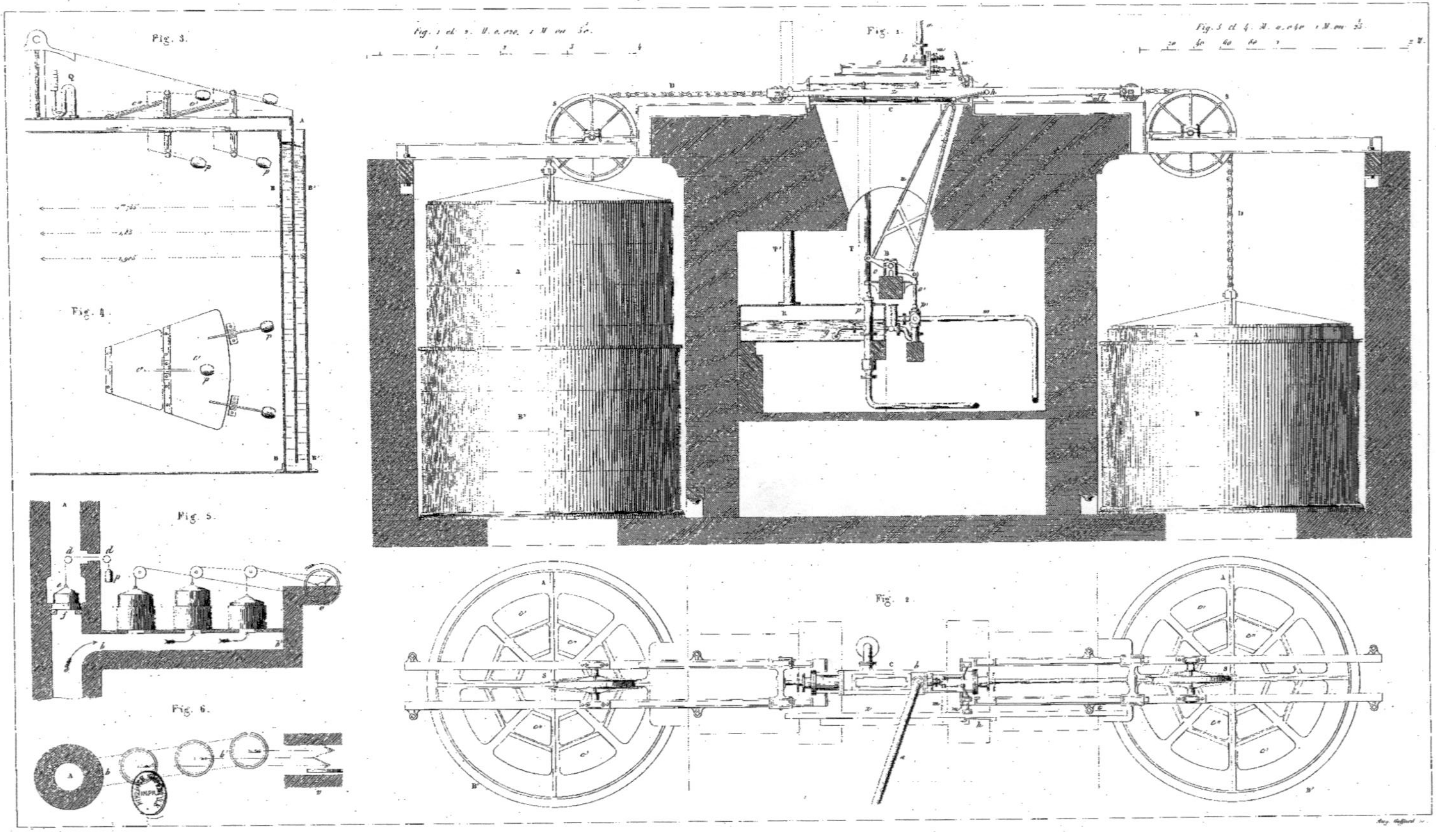

HYDRAULIC AIR PUMP WITH DIVING BELLS.

MACHINE PNEUMATIQUE À CLOCHES PLONGEANTES.

PNEUMATISCHE MASCHINE MIT DEM HARZER WETTERSATZ.

PL. XX.

Fig. 3.

Fig. 5.

Fig. 6.

Fig. 1.

Fig. 2.

Imp. Lemercier, Paris.

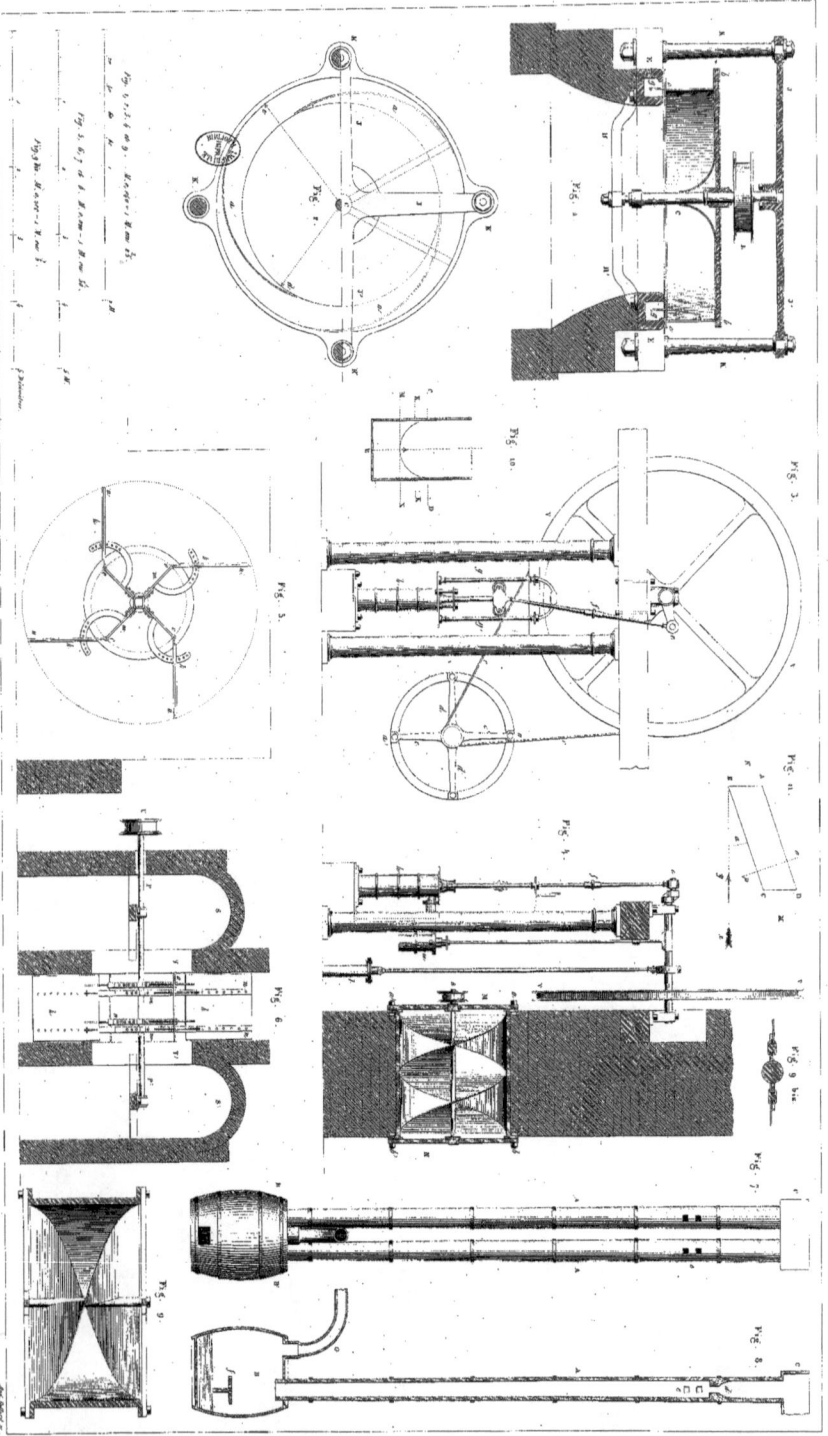

PL. XII.

Fig. 1.

Fig. 2.

Fig. 3.

Fig. 4.

Fig. 5.

Fig. 6.

Fig. 7.

Fig. 8.

Fig. 9.

Fig. 10.

Fig. 11.

MM. COMBES, LETORET'S, MOTTE'S VENTILATORS; WATER SPOUTS.

VENTILATOREN DER HERREN COMBES, LETORET UND MOTTE. WETTERLUTTE.

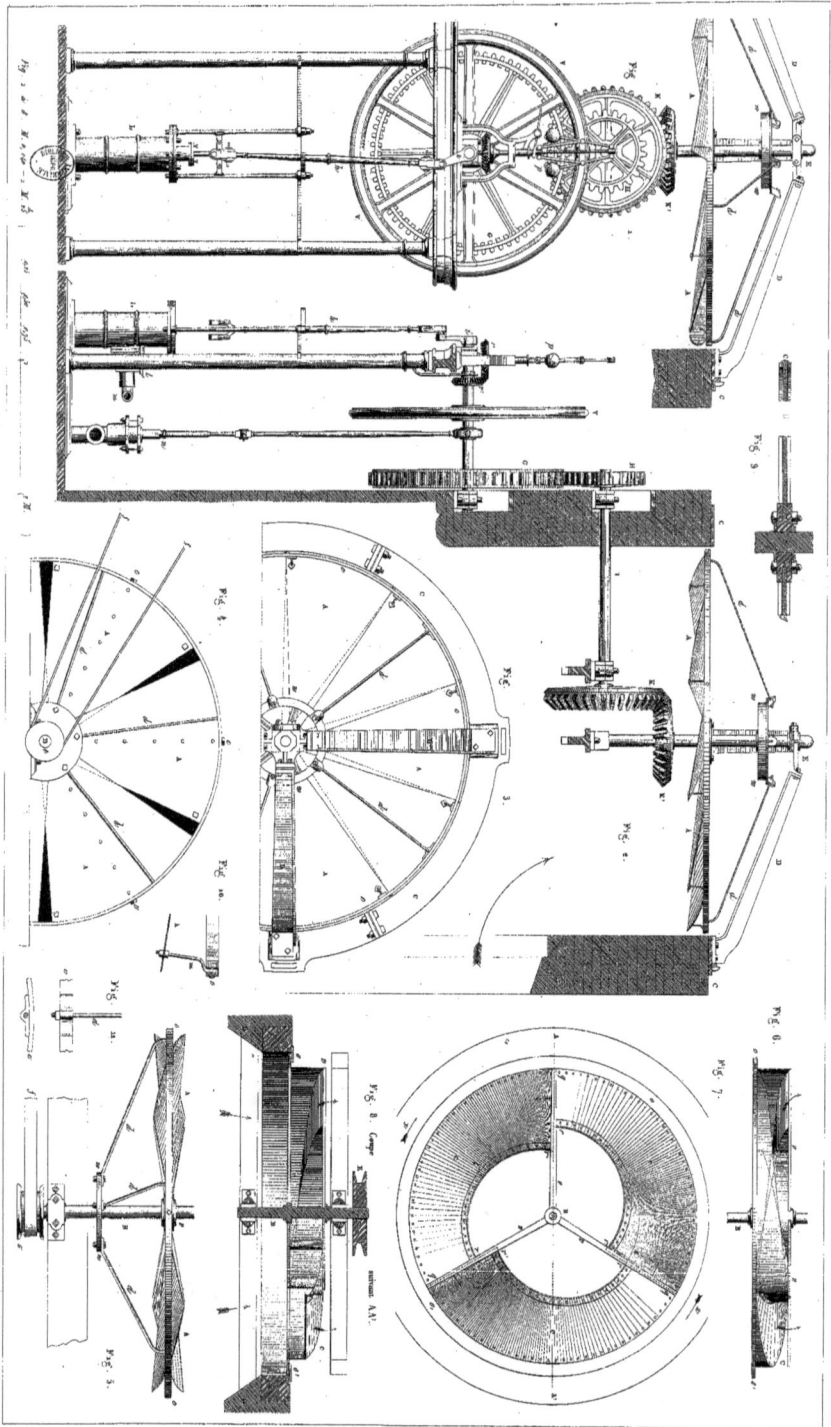

Pl. XXI bis.

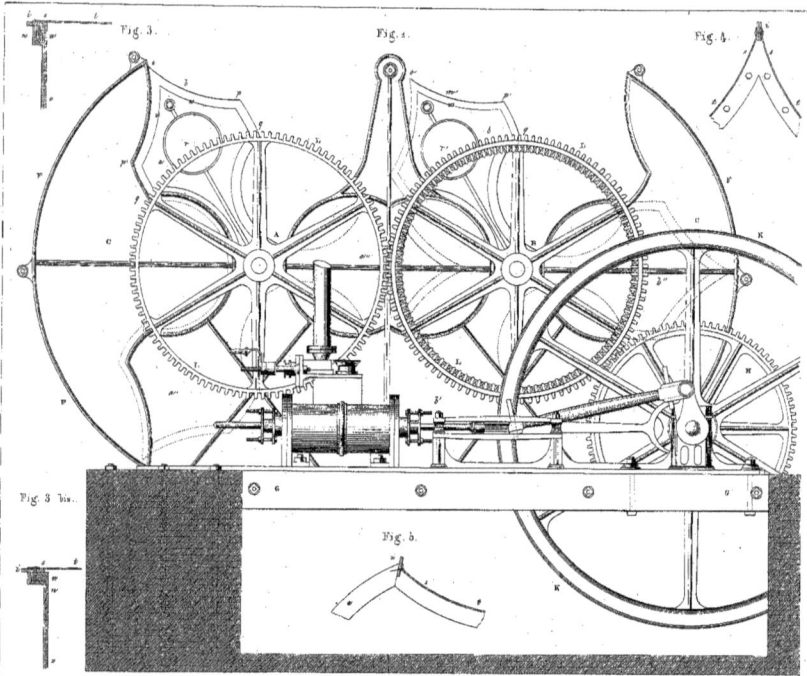

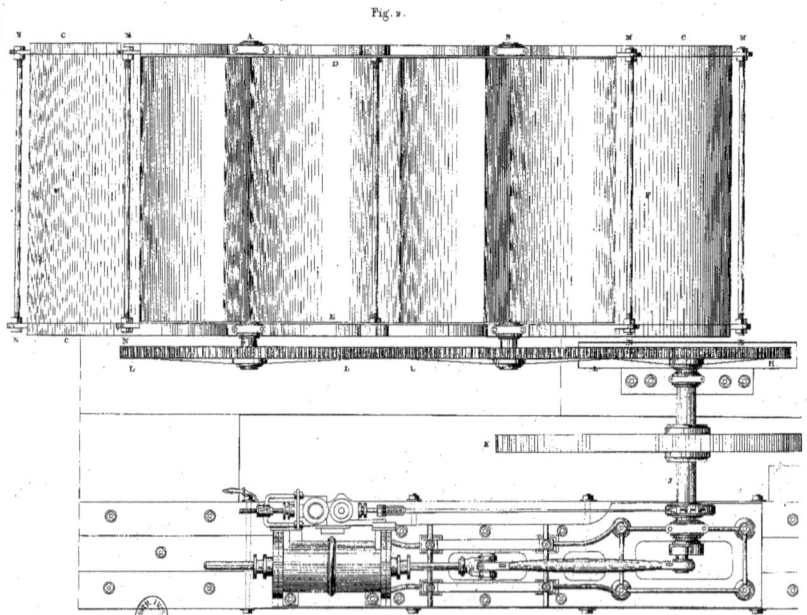

Fig. 3.

Fig. 1.

Fig. 4.

Fig. 3 bis.

Fig. 5.

Fig. 2.

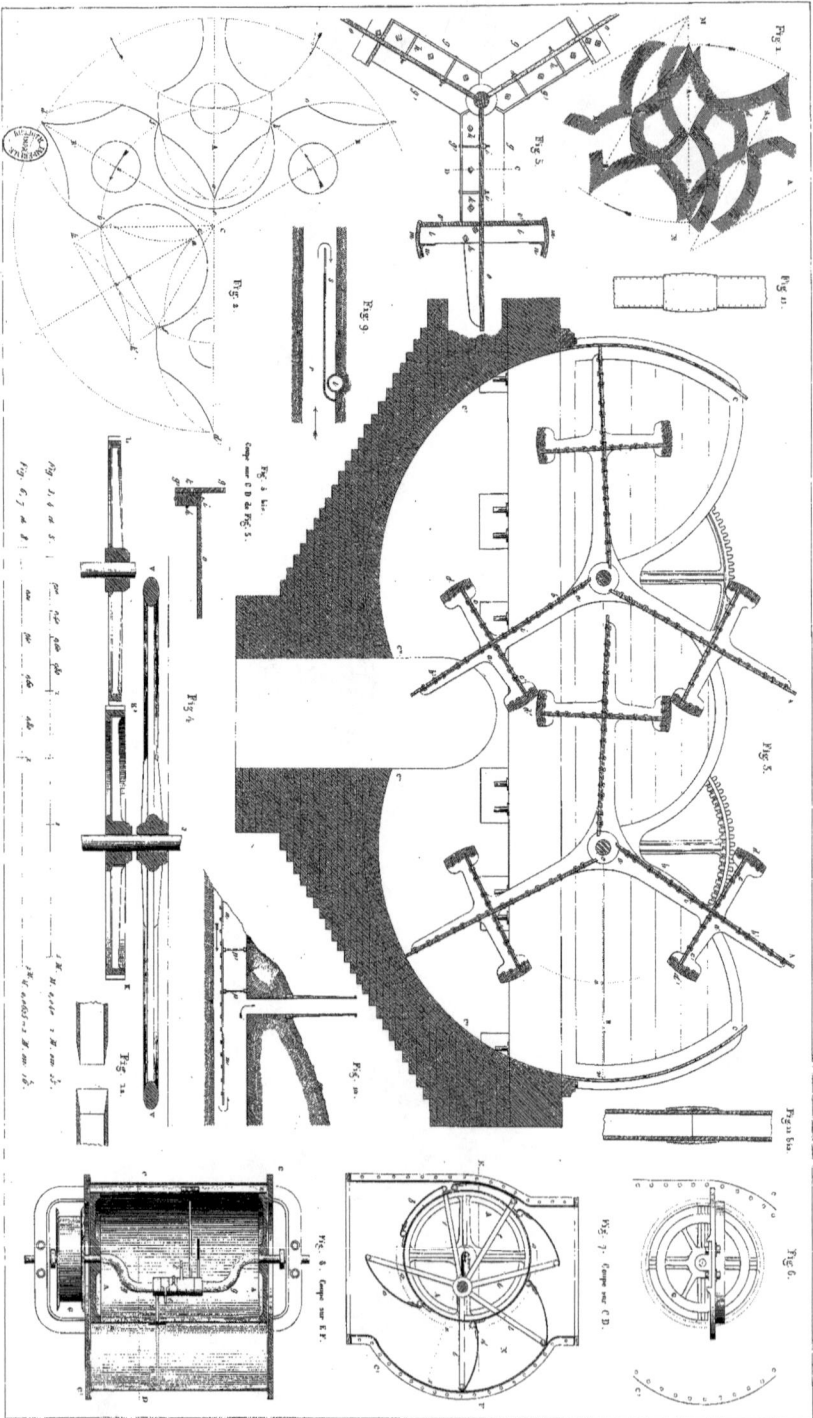

Pl. XXIII.

Fig. 1.
Fig. 5.
Fig. 11.
Fig. 2.
Fig. 9.
Fig. 5.
Fig. 1 bis.
Fig. 4.
Fig. 10.
Fig. 12.
Fig. 6.
Fig. 8. Coupe sur E F.
Fig. 7. Coupe sur C D.

DISTRIBUTION DE L'AIR; VENTILATEUR PORTATIF; LAMPES DE SURETÉ.

PL. XXIV.

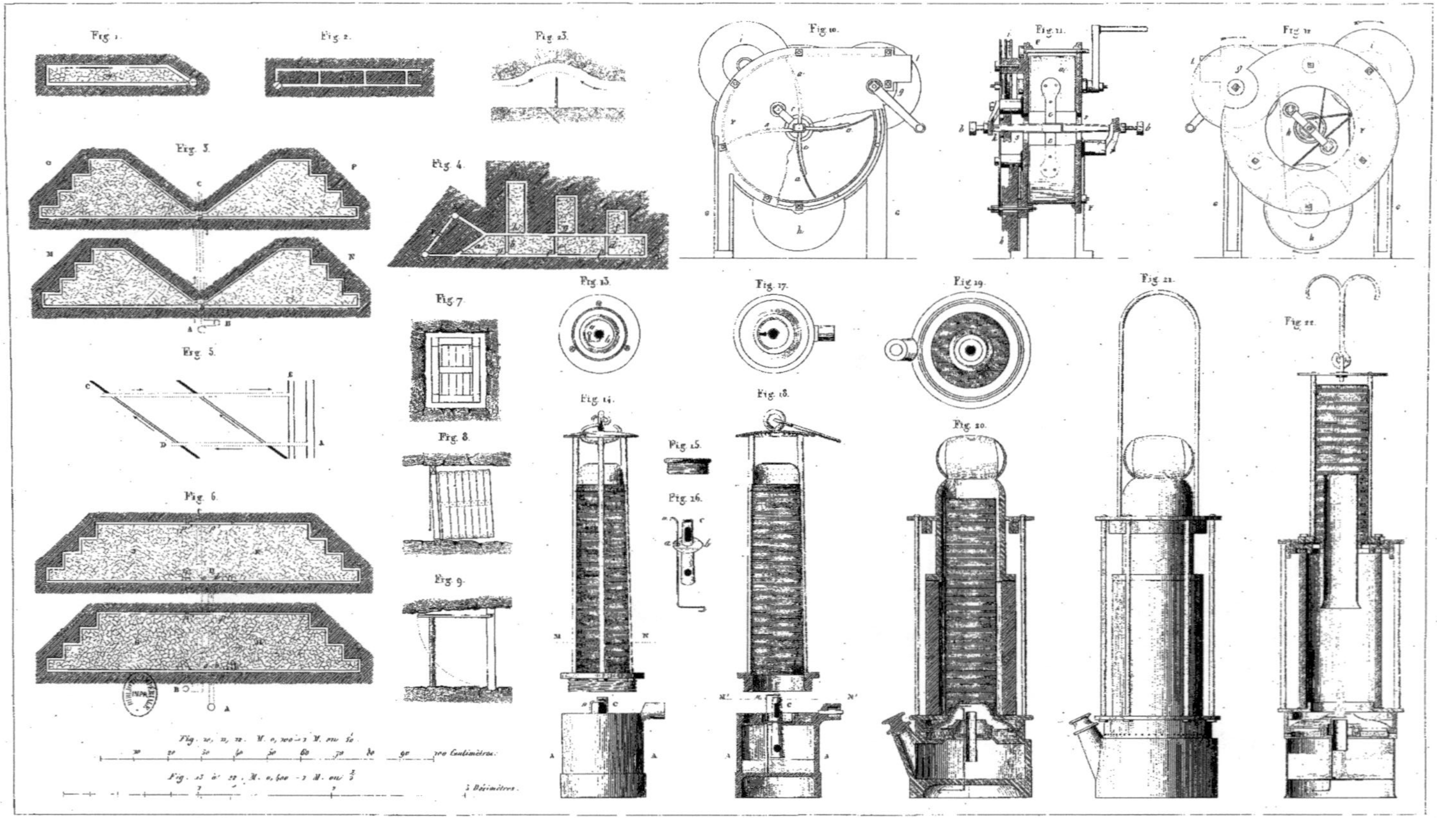

DISTRIBUTION OF THE AIR; PORTABLE VENTILATOR; SAFETY LAMPS.

VERTHEILUNG DES WETTERZUGES IN DEN GRUBEN; BEWEGLICHE WETTERTROMMEL; SICHERHEITS LAMPEN.

Etabl.t de F. Noblet, Éditeur à Liège.

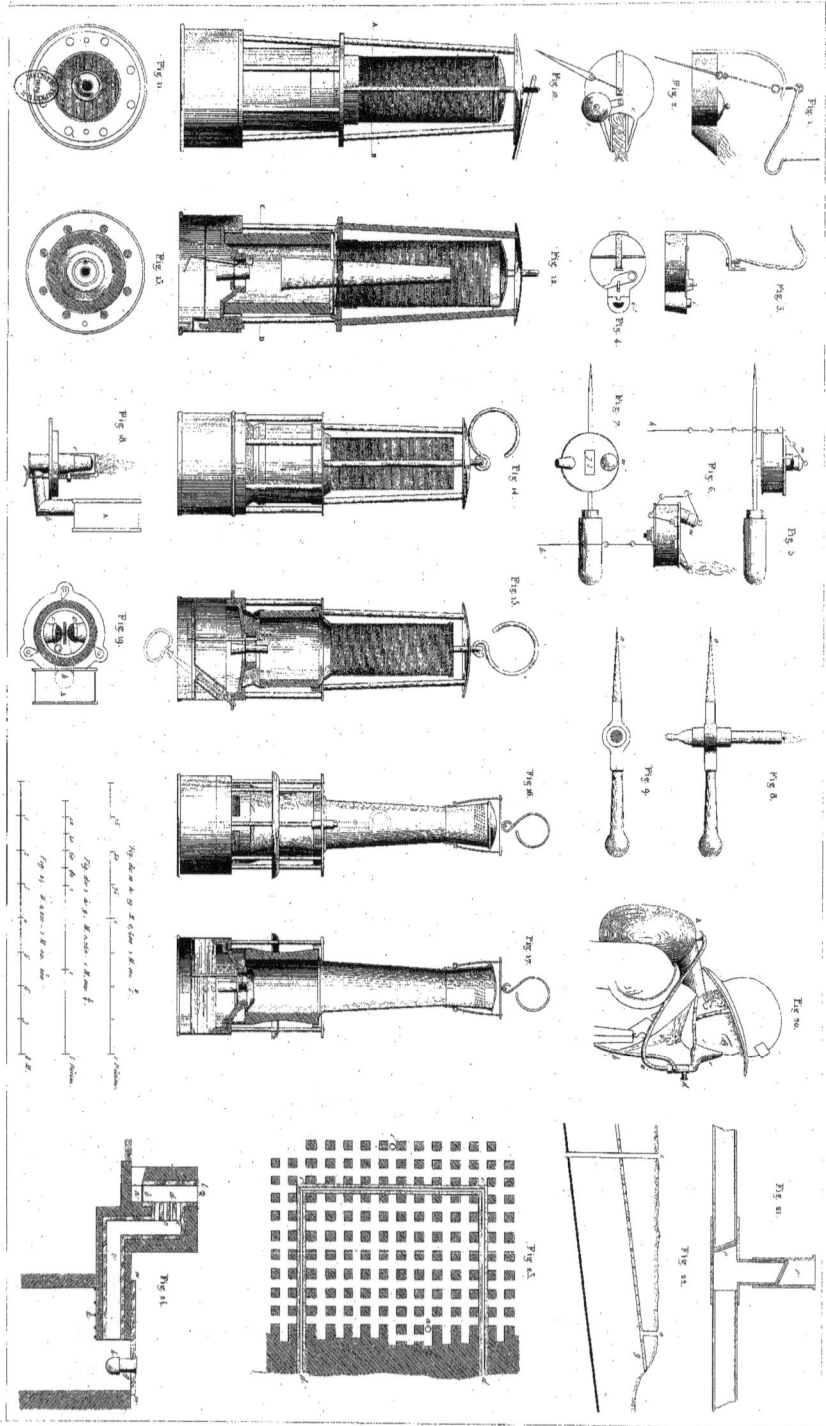

OPEN LAMPS. SAFETY LAMPS. RESPIRATION APPARATUS. UNDERGROUND COMBUSTION.

OFFENE LAMPEN. SICHERHEITS LAMPEN. RESPIRATIONS APPARATE. GRUBENBRAENDE.

Fig. 1. Fig. 2. Fig. 3. Fig. 4. Fig. 5. Fig. 6. Fig. 7. Fig. 8. Fig. 9. Fig. 10. Fig. 11. Fig. 12. Fig. 13. Fig. 14. Fig. 15. Fig. 16. Fig. 17. Fig. 18. Fig. 19. Fig. 20. Fig. 21.

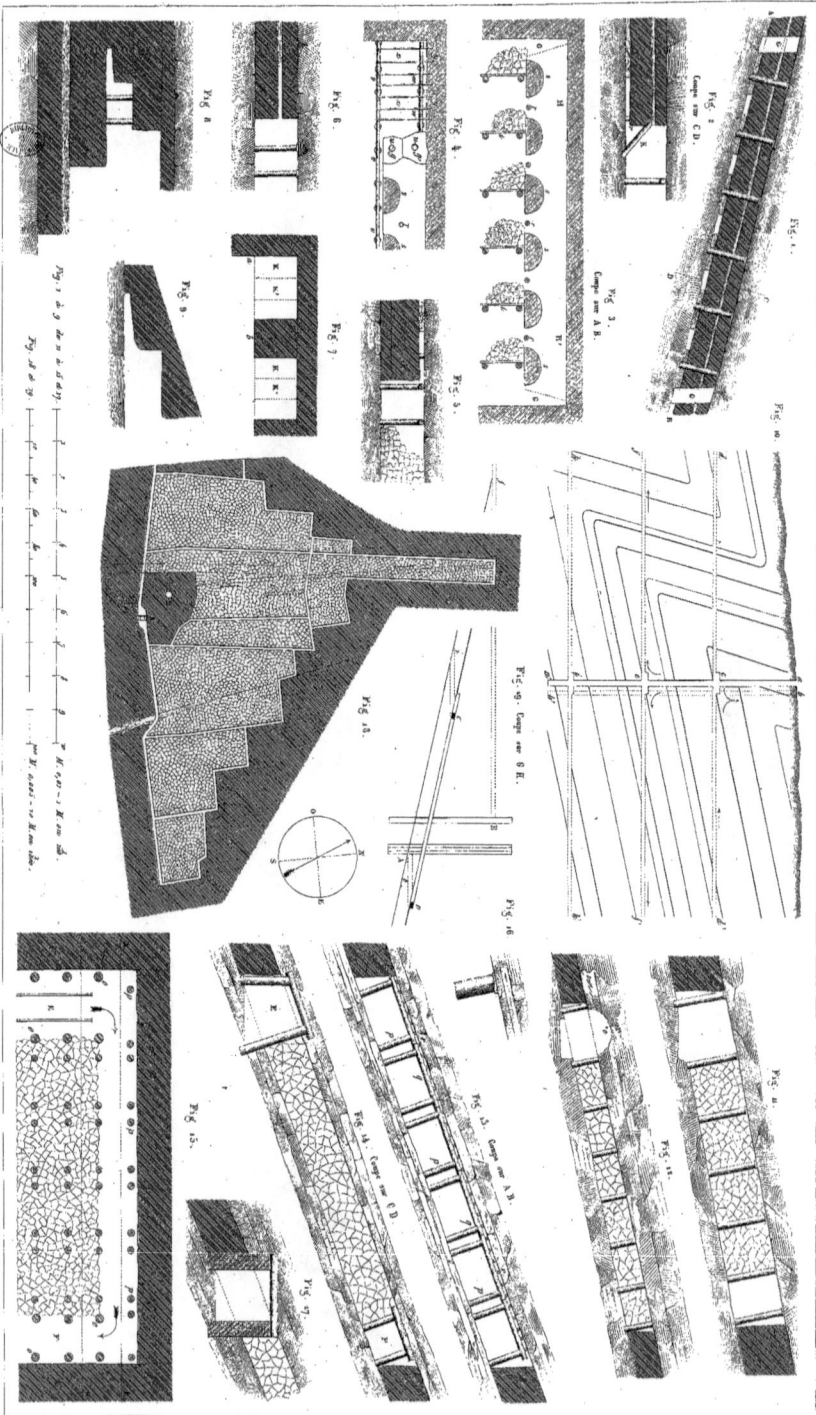

MINING OF COALS. COAL WORKING AT LIÉGE.

KOHLEN GEWINNUNG. LÜTTICHER ABBAUUNG DER KOHLE.

Fig. 1.

Fig. 2. Coupe sur C D.

Fig. 3. Coupe sur A B.

Fig. 4.

Fig. 5.

Fig. 6.

Fig. 7.

Fig. 8.

Fig. 9.

Fig. 10.

Fig. 11.

Fig. 12.

Fig. 13.

Fig. 14. Coupe sur C D.

Fig. 15. Coupe sur A B.

Fig. 16.

Fig. 17.

Fig. 18.

Fig. 19.

Fig. 20. Coupe sur S E.

Lith. de F. Noblet, Éditeur à Liège.

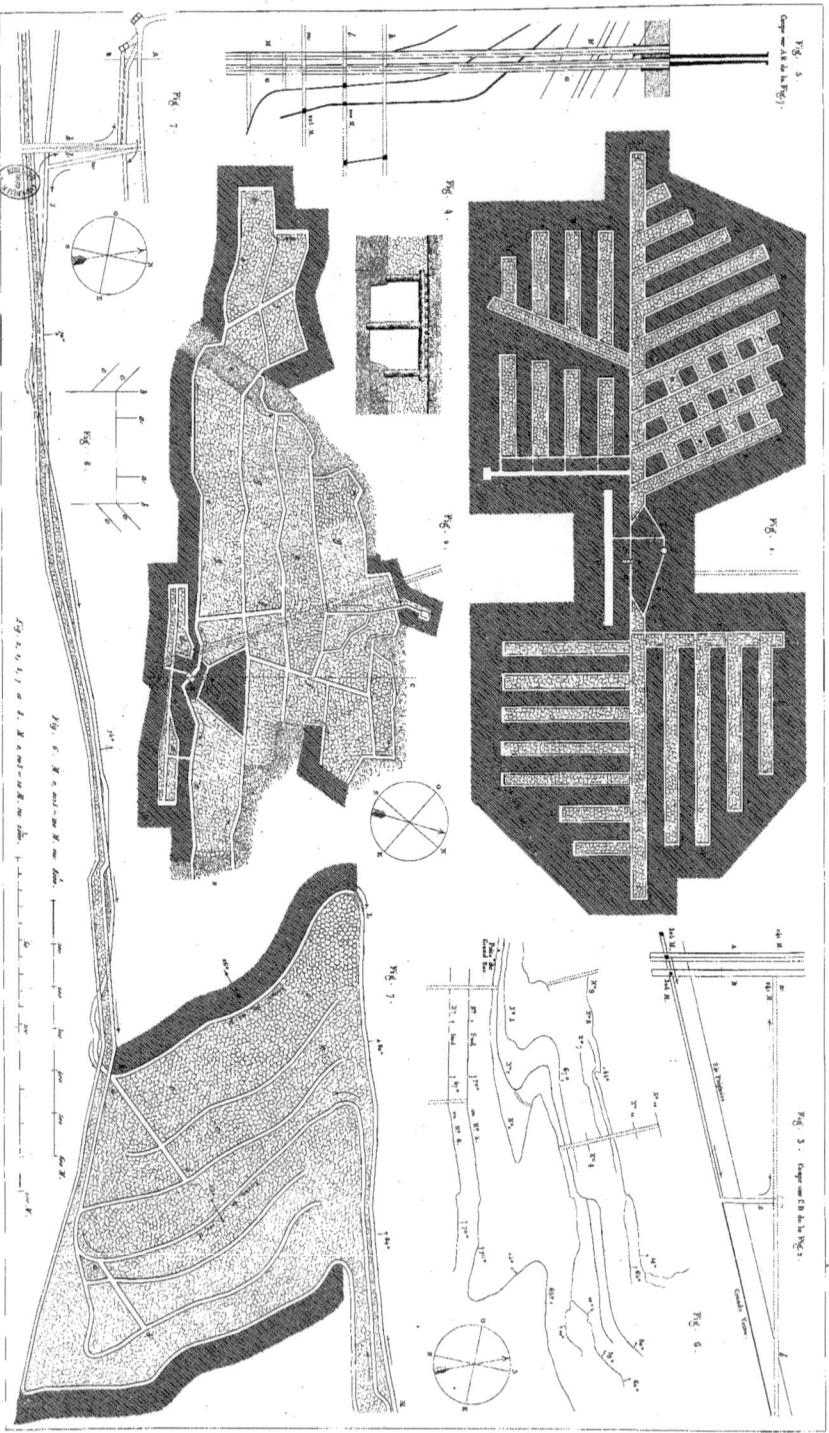

EXPLOITATION LIÉGEOISE.

PL. XVII.

COAL WORKING AT LIÉGE.

LÜTTICHER ABORDNUNG DER BAUE.

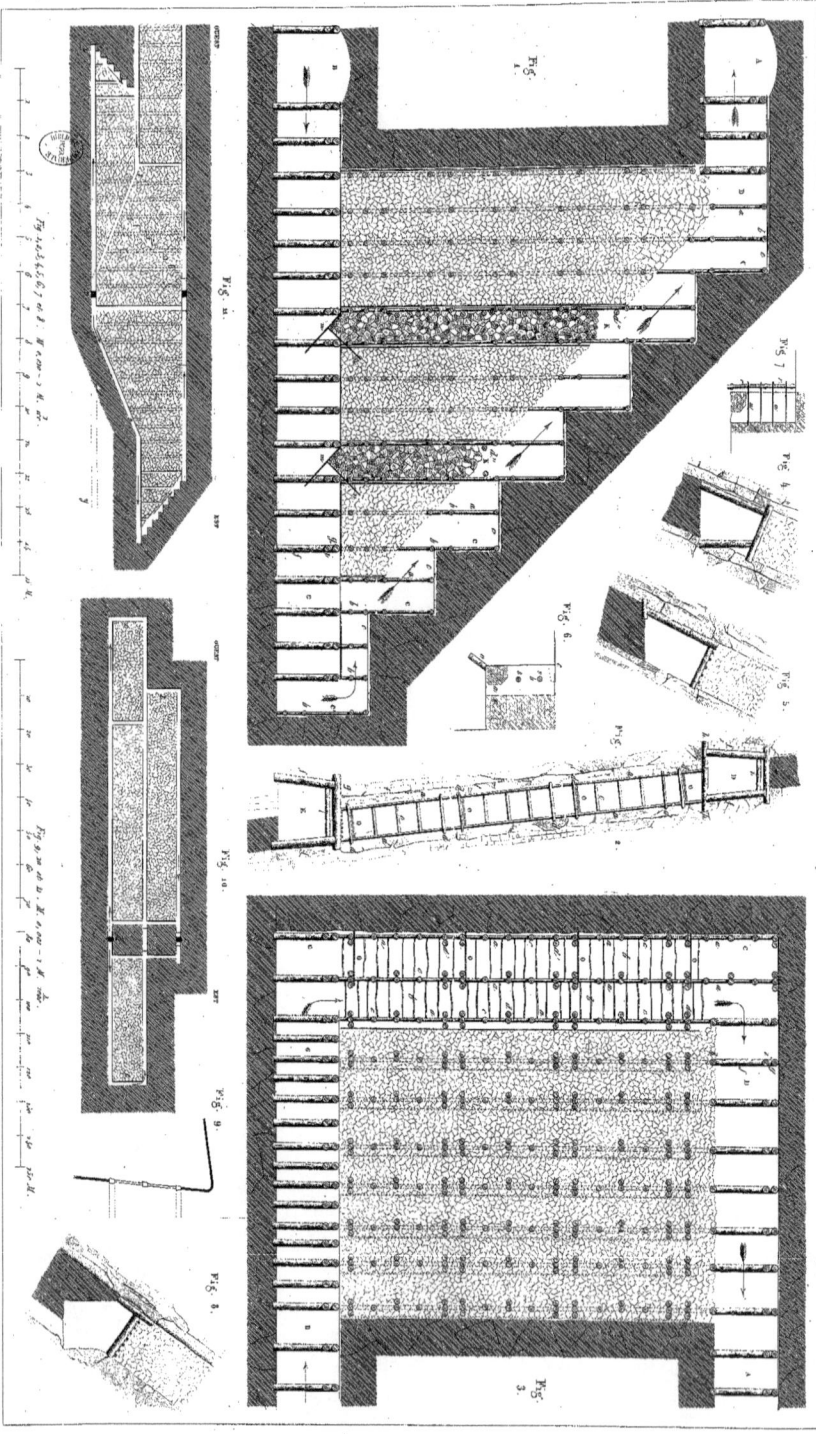

TAILLES DROITES; TAILLES A GRADINS RENVERSÉS.

Fig. 1.

Fig. 2.

Fig. 3.

Fig. 4.

Fig. 5.

Fig. 6.

Fig. 7.

Fig. 8.

Fig. 9.

Fig. 10.

Fig. 11.

STRAIGHT WALL AND WORKING FACE IN THE SHAPE OF REVERSED STEPS.

SEIGER UND POERSTEN VERHAUEN.

Lith de J. & Jde Léboure à Liège.

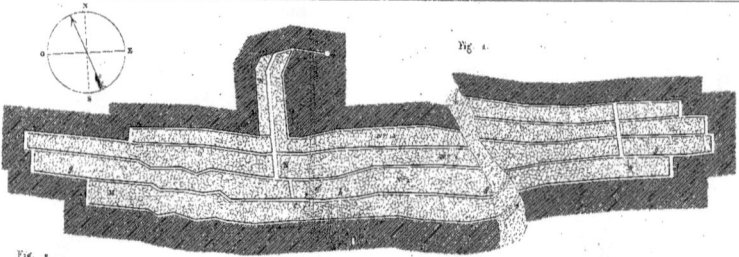

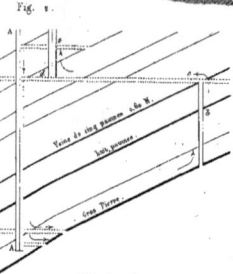

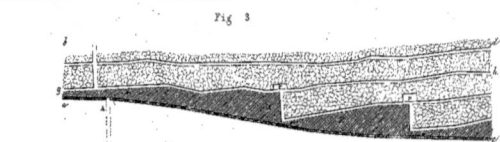

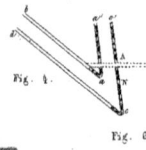

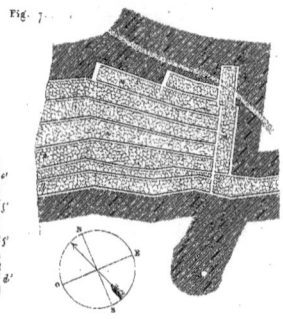

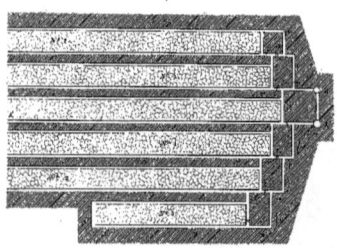

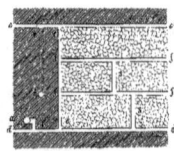

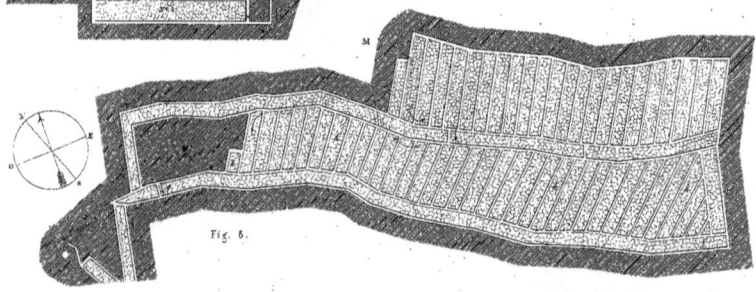

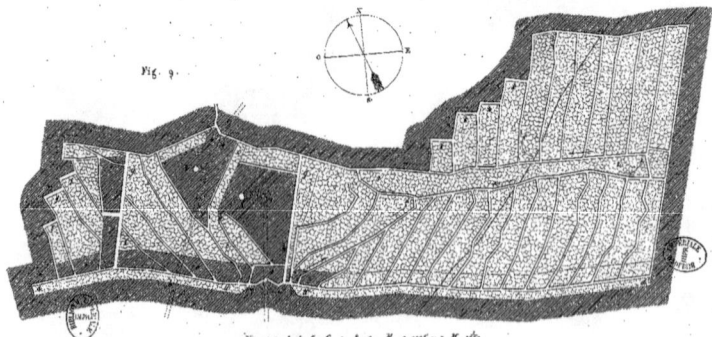

Fig. 1.

Fig. 2.

Fig. 3

Fig. 5.

Fig. 4.

Fig. 7.

Fig. 6.

Fig. 8.

Fig. 9.

Fig. 1, 2, 3, 4, 5, 6, 7, 8, 9 : M. 0,005 = 1 M. 560.

DISTRICTS DE MONS ET D'ANZIN.

PL. XXX.

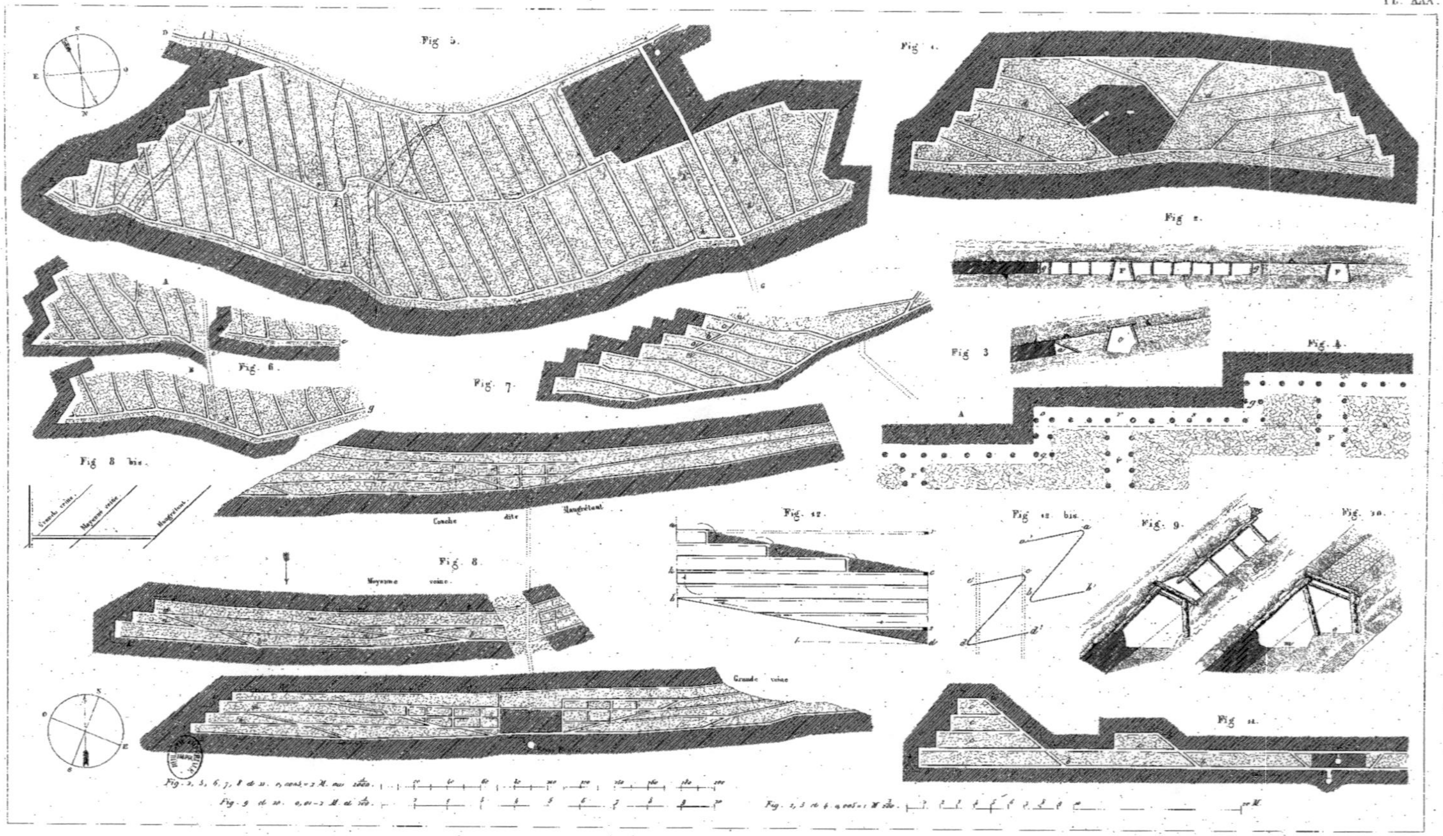

Fig. 5.
Fig. 1.
Fig. 2.
Fig. 3
Fig. 4.
Fig. 6.
Fig. 7.
Fig. 8 bis.
Grande veine
Moyenne veine
Maugrétout
Couche dite Maugrétout
Fig. 8.
Moyenne veine
Fig. 12.
Fig. 12 bis.
Fig. 9.
Fig. 10.
Grande veine
Fig. 11.

MINING DISTRICTS OF MONS AND ANZIN.

L'établ.t de E. Sablet, Éditeur à Liège.

BEZIRKE VON MONS UND ANZIN.

DISTRICT DU MONS; ORBITS.

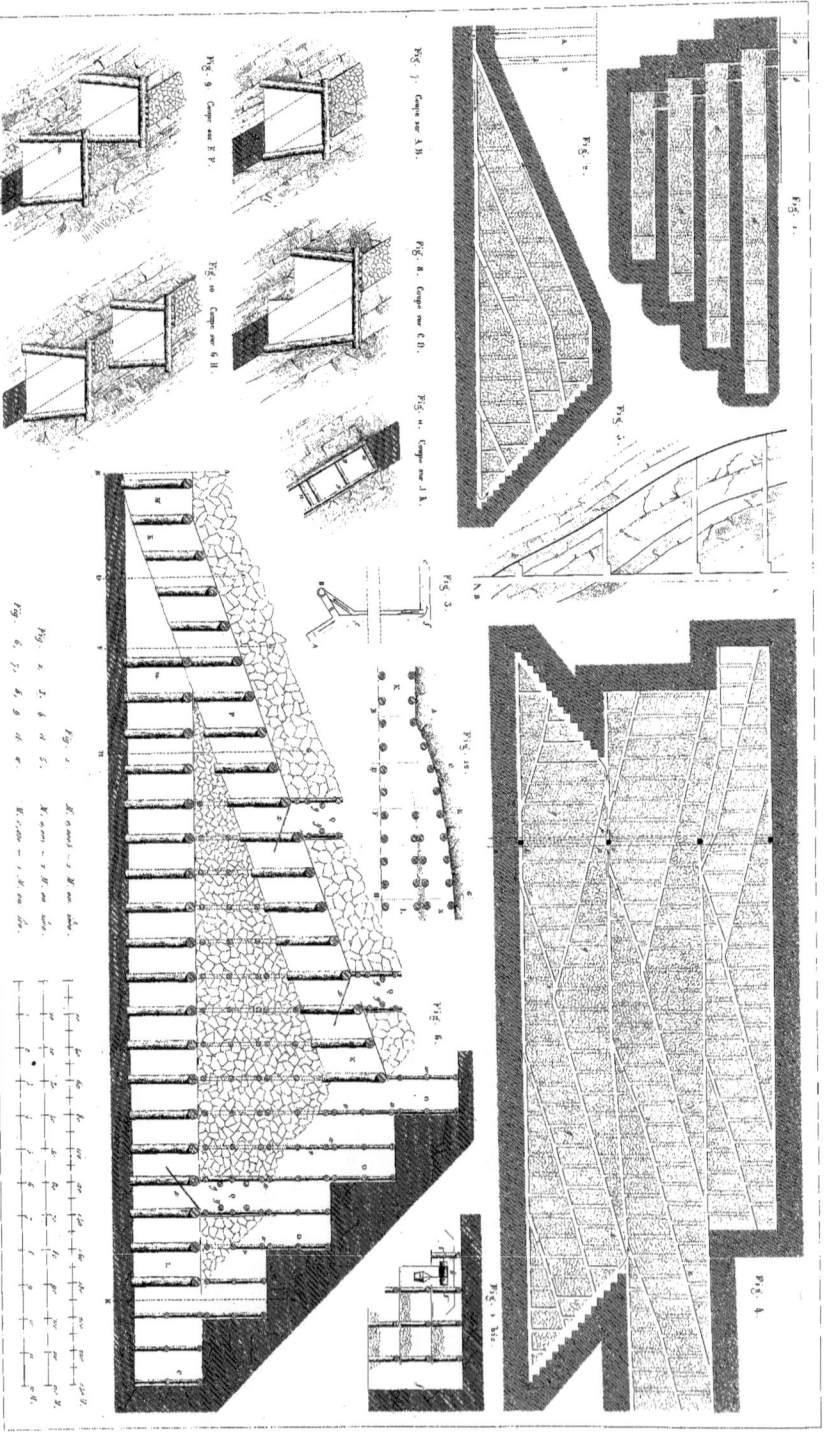

MINING DISTRICT OF MONS. EDGE COALS.

Fig. 7. Coupe sur A.B.

Fig. 8. Coupe sur C.D.

Fig. 9. Coupe sur E.F.

Fig. 10. Coupe sur G.H.

Fig. 11. Coupe sur J.K.

Fig. 1.

Fig. 2.

Fig. 3.

Fig. 4.

Fig. 5.

Fig. 6.

Fig. 12.

Fig. 13.

RIVIÈRE VON MONS. STEINSDE. FLOETZE.

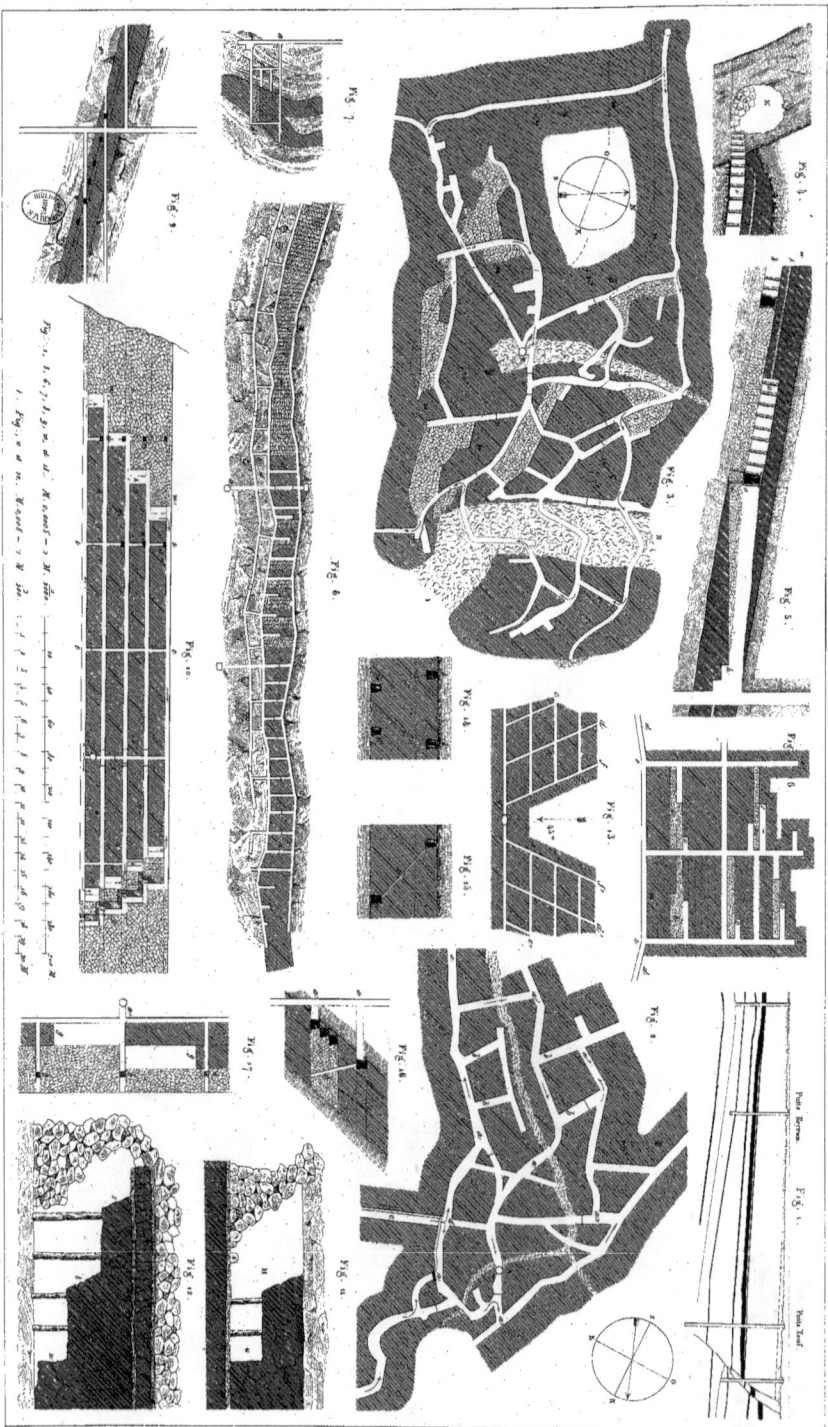

DISTRICTS DE BARDENBERG, D'ESCHWEILER, ET DE LA RUHR.

MINING DISTRICT OF BARDENBERG, ESCHWEILER AND OF THE RUHR.

REVIER VON BARDENBERG, ESCHWEILER UND RUHR.

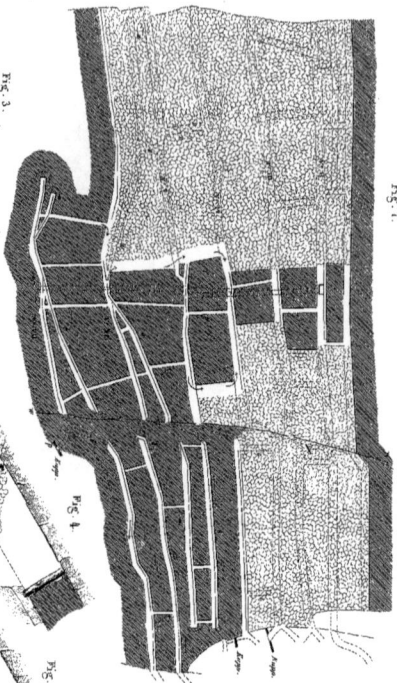

Fig. 1.

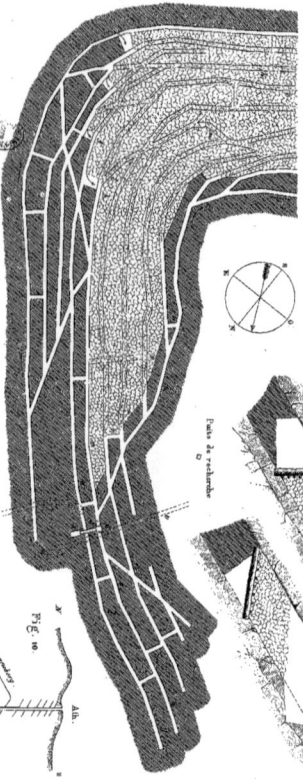

Fig. 3.

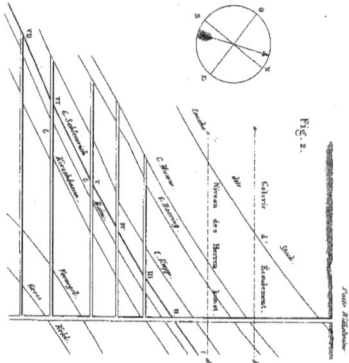

Fig. 2.

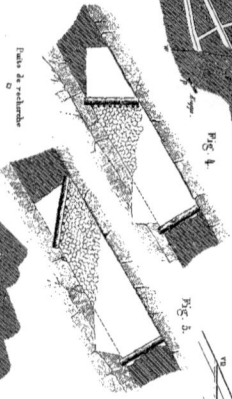

Fig. 4.

Fig. 5.

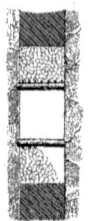

Fig. 6.

Fig. 10.

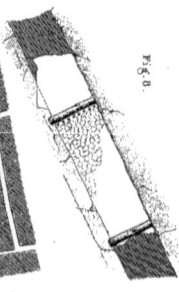

Fig. 8.

Fig. 9.

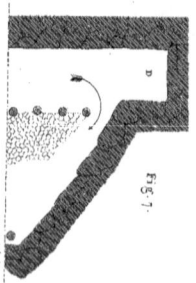

Fig. 7.

Fig. 1.

Fig. 2.

Fig. 3.

Fig. 4.

Fig. 5.

Fig. 6.

Fig. 7.

Fig. 8.

Fig. 9.

Fig. 10.

Fig. 11.

Fig. 12.

Fig. 13.

Fig. 14.

OUEST.

EST.

SUD.

NORD.

Fig. 1.

Fig. 2. Coupe suivant C D. (Fig. 3.)

Fig. 3. Coupe suivant A B. (Fig. 1.)

Fig. 4.

Fig. 5.

Fig. 6. Coupe suivant e f. (Fig. 3.)

Fig. 7. Coupe suivant a b (Fig. 3.)

Fig. 8. Coupe suivant e d. (Fig. 3.)

Fig. 9.

Fig. 11.

Fig. 12.

Fig. 13.

Lmp. de V. Robet, Editeur à Liege.

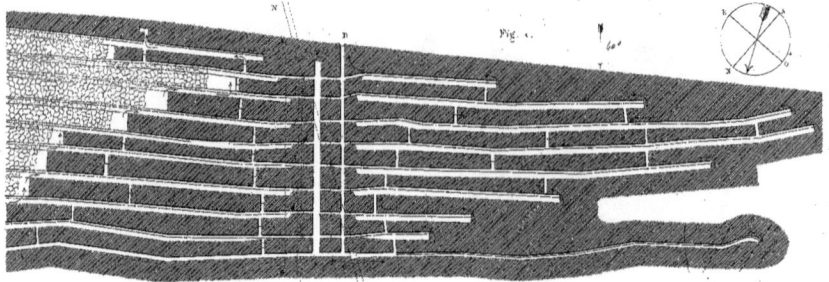

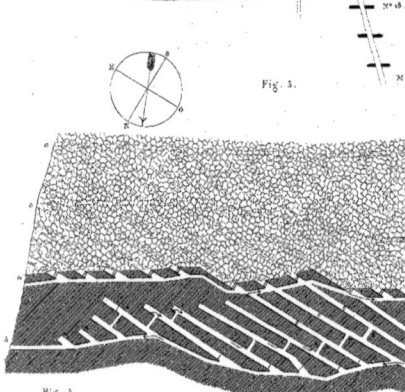

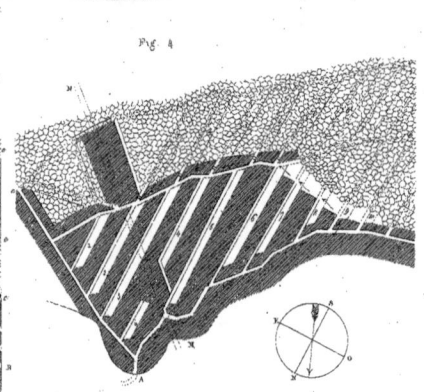

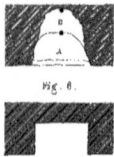

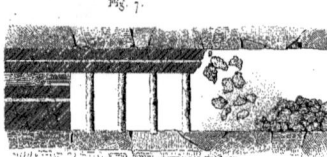

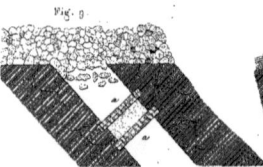

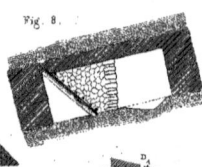

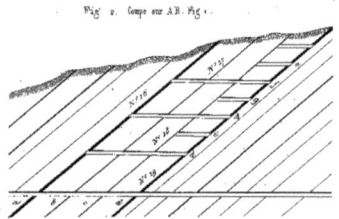

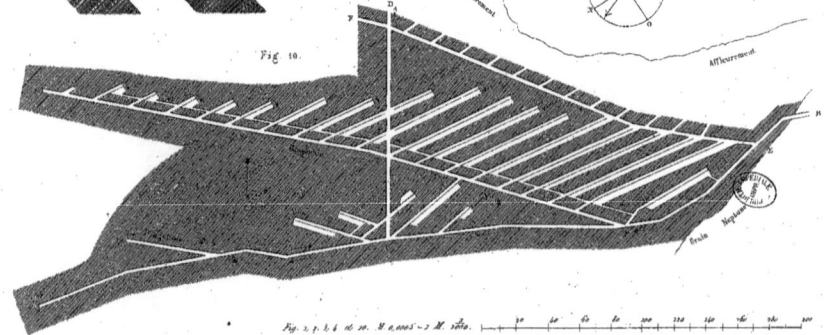

Établ.^t de E.Noblet, Éditeur à Liége.

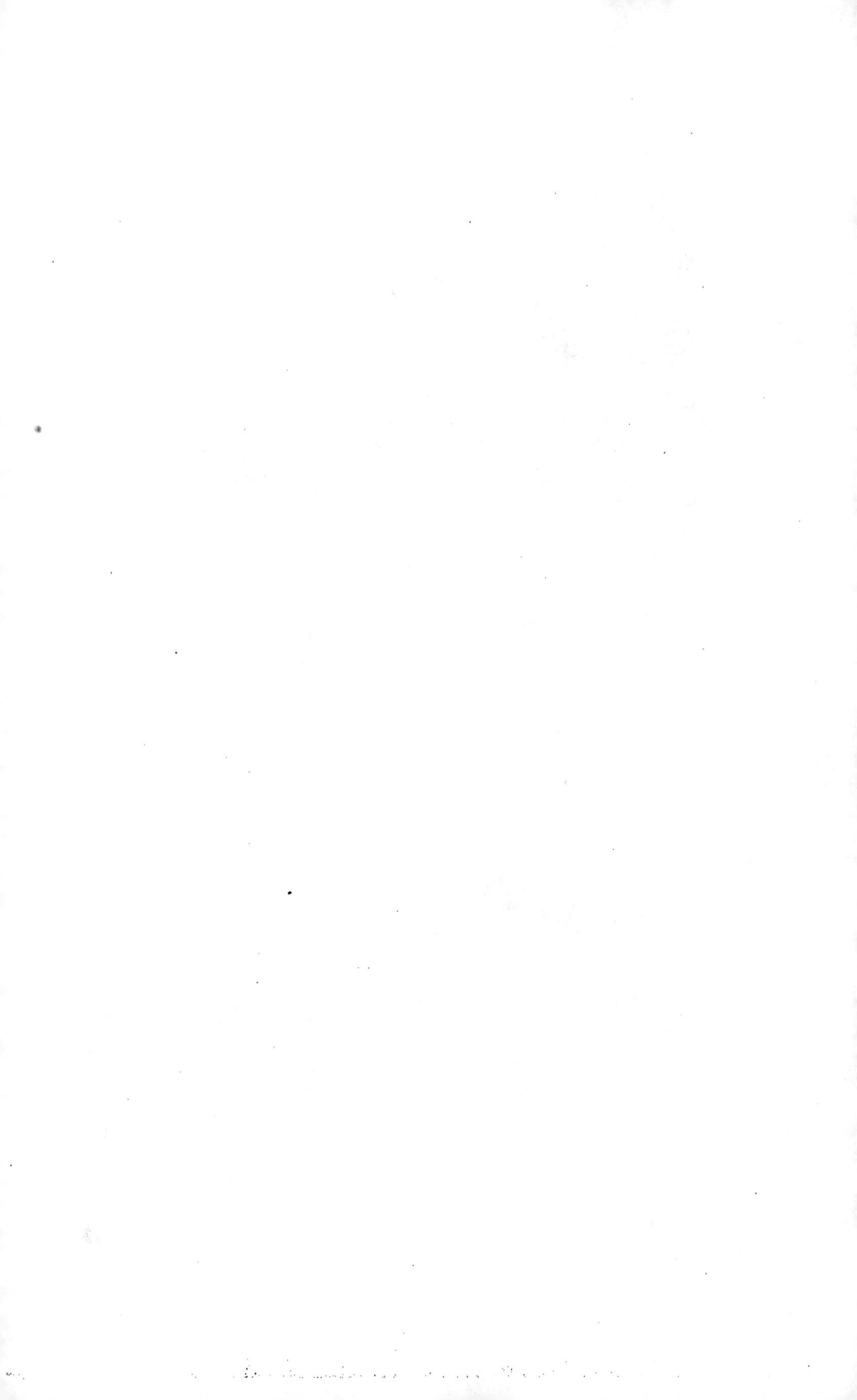

SUD DU PAYS DE GALLES; LANCASHIRE.

PL. XXVII.

Fig. 1.

Fig. 2.

Fig. 3.

Fig. 4.

Fig. 5.

Fig. 6.

Fig. 7. Coupe sur DB de Fig. 6.

Fig. 8.

Fig. 9.

Fig. 10. Coupe sur AB de Fig. 9.

Rethewy Riviere.

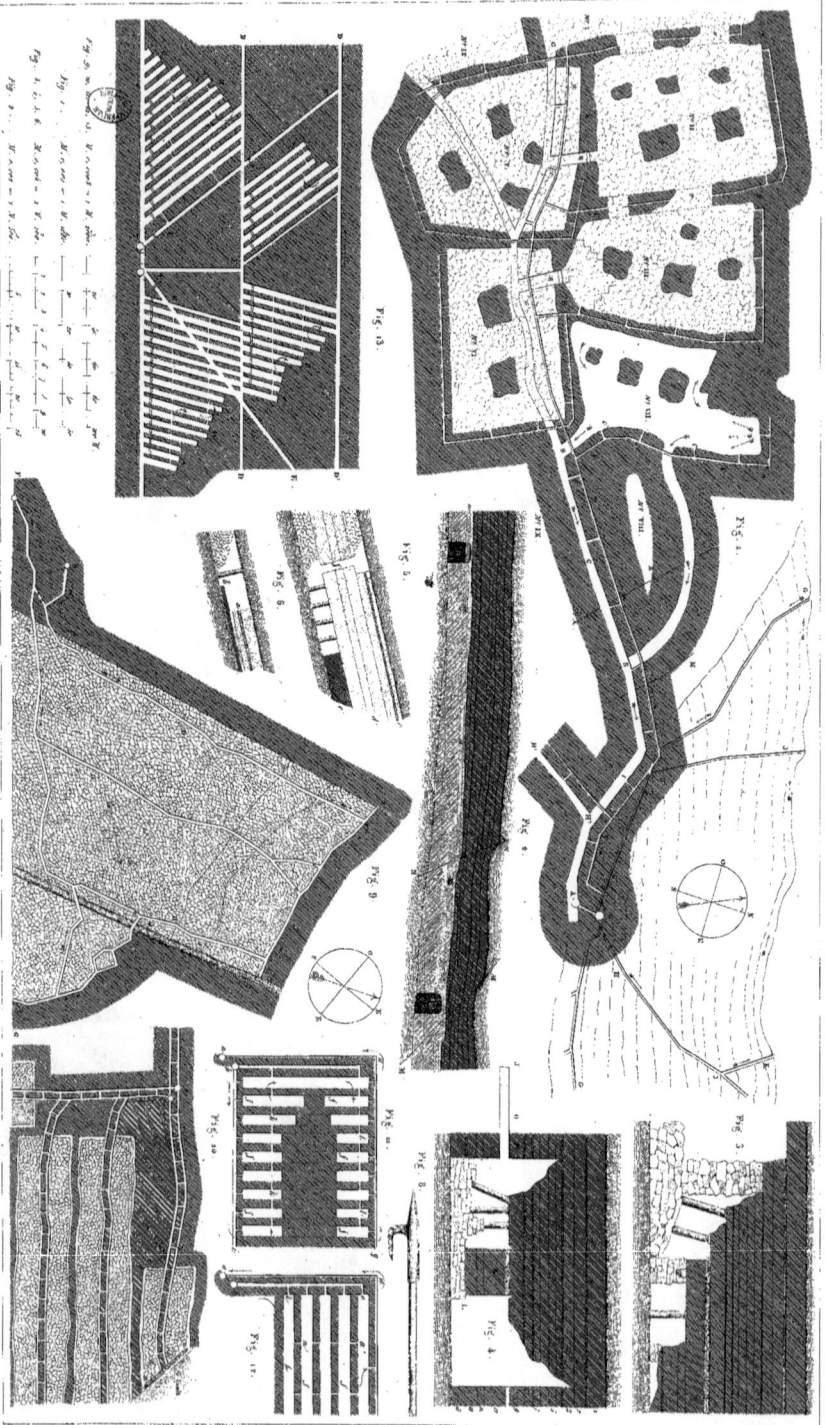

LANCASHIRE; SHROPSHIRE; STAFFORDSHIRE.

LANCASHIRE; SHROPSHIRE; STAFFORDSHIRE.

LANCASHIRE; SHROPSHIRE; STAFFORDSHIRE.

PL. XXVIII.

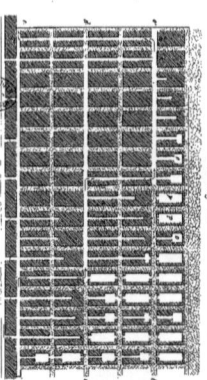

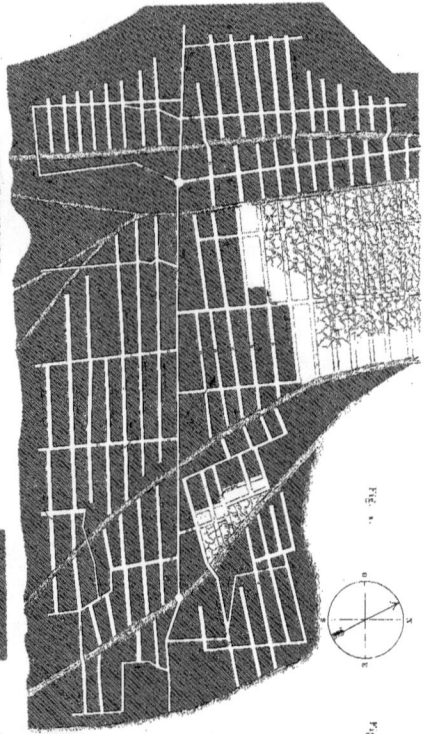

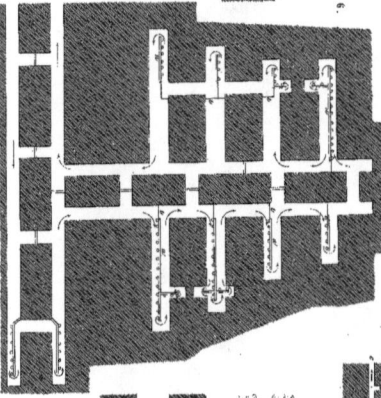

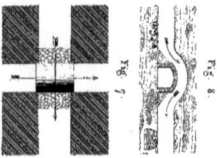

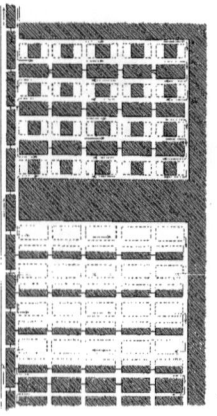

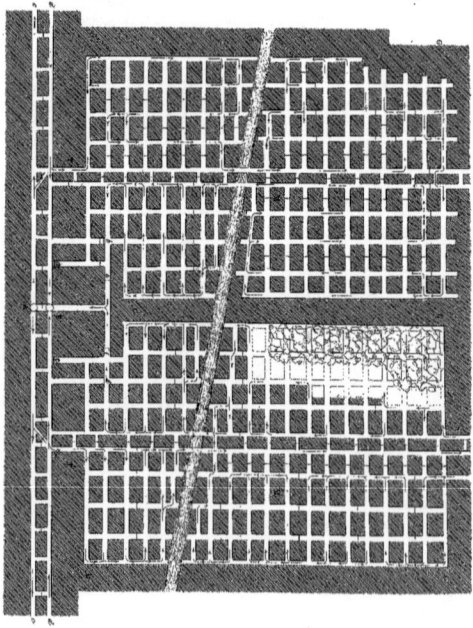

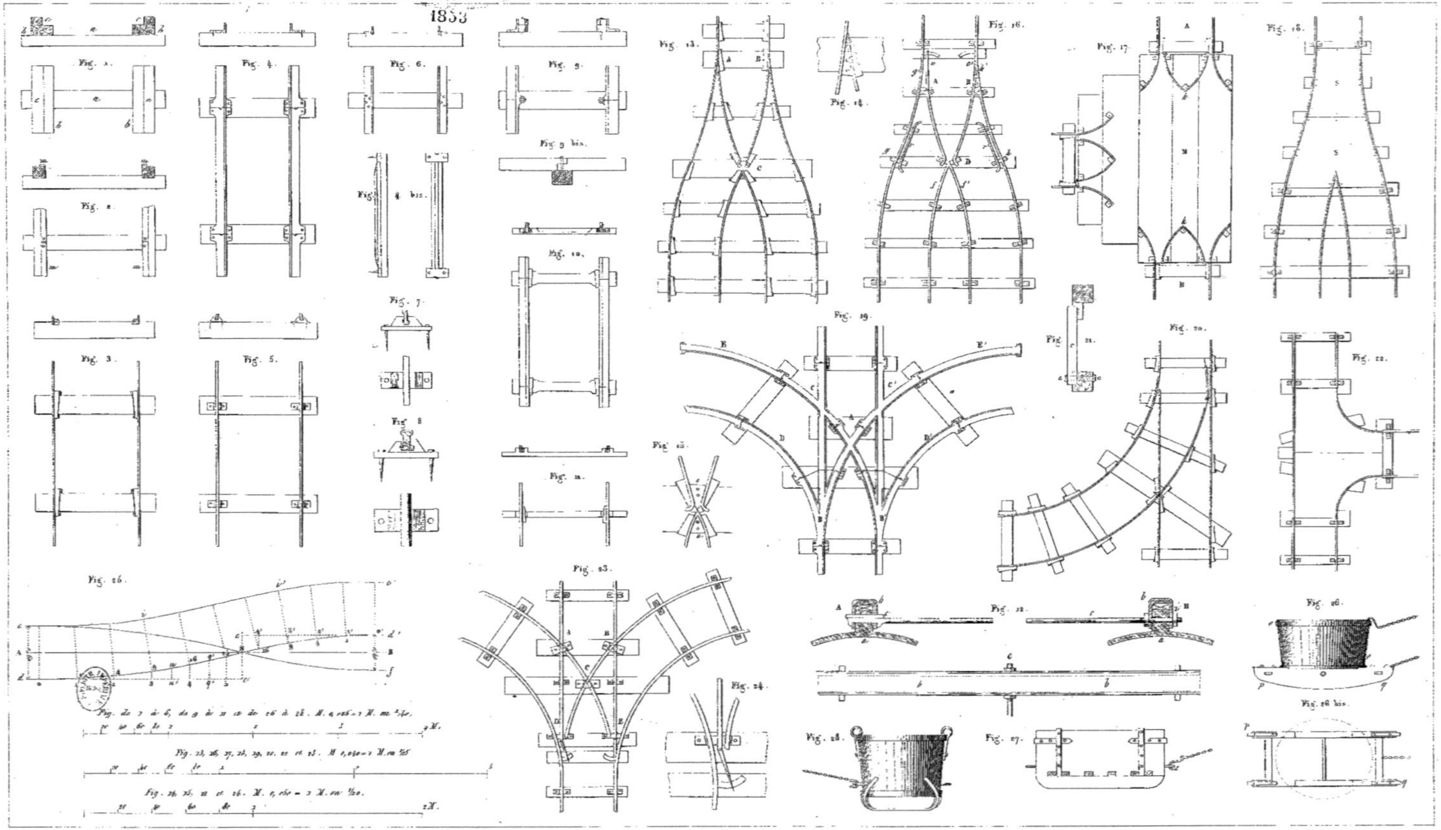

ROADS FOR CONVEYING THE COALS. BASKETS.

FORDERBAHN. SCHLEPTROGVOERDERING.

VOIES DE TRANSPORT. TRAINEAUX.

1855

Fig. 1. Fig. 2. Fig. 3. Fig. 4. Fig. 5. Fig. 6. Fig. 7. Fig. 8. Fig. 9. Fig. 10. Fig. 11. Fig. 12. Fig. 13. Fig. 14. Fig. 15. Fig. 16. Fig. 17. Fig. 18.

Pl. XLI.

VESSELS FOR CONVEYING COAL FROM THE WALL FACE TO THE PIT BOTTOM.

VASES DE TRANSPORT (TRAINAGE).

FÖRDERGEFÄSSE.

Pl. XLI.

VASES D'INTÉRIEUR; PLANS INCLINÉS; PLANS AUTOMOTEURS.

VESSELS FOR CONVEYING COAL. INCLINED PLANE AND SELF-ACTING PLANES.

BREMSBERGE. FOERDER GEFÄSSE. DONNLAEGGE. SCHRAEGE.

Pl. XLIII.

PLANS INCLINÉS; PLANS AUTOMOTEURS.

INCLINED PLANES AND SELFACTING PLANES.

BREMSBERGE, BONNLÄGER SCHÄCHTE.

NAVIGATION SOUTERRAINE; CHAPITRE DES MOLETTES.

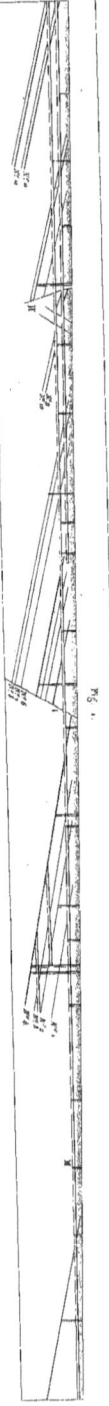

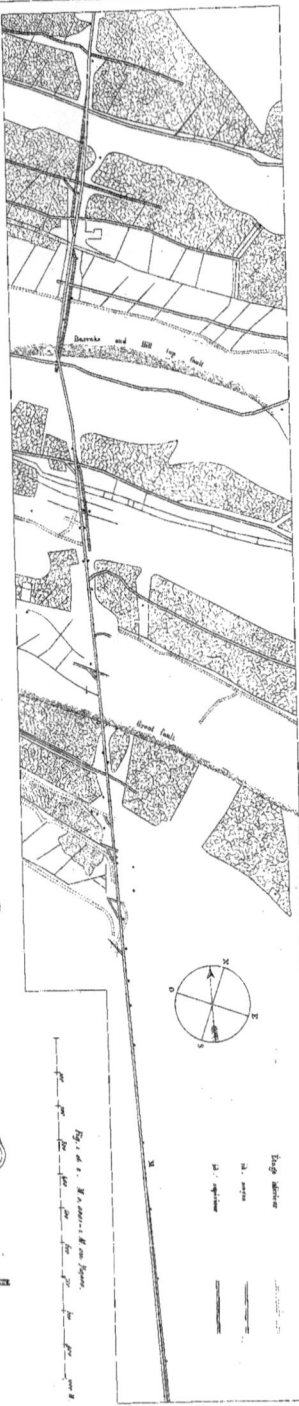

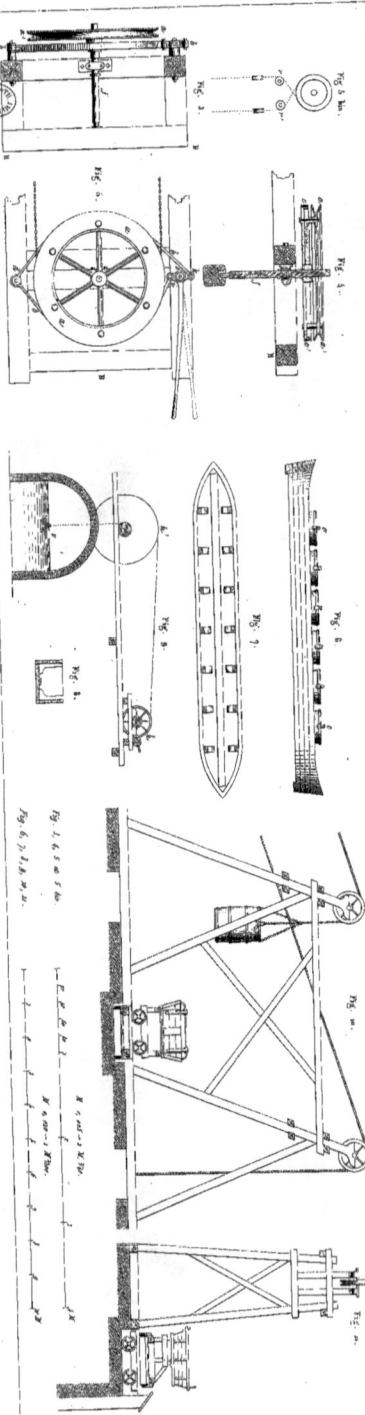

PL. XLIV.

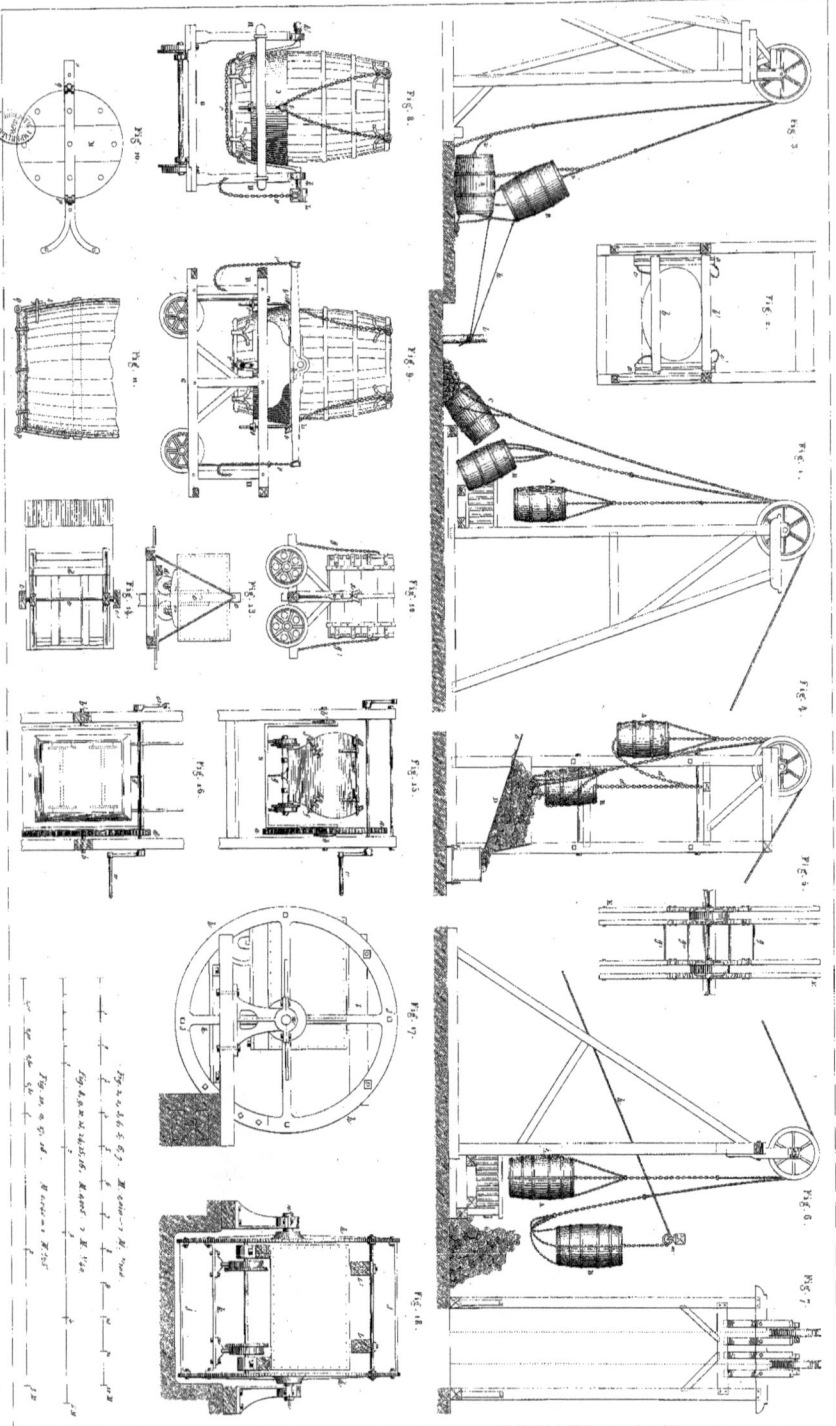

Pl. XLIV.

Pl. XLV.

FRAME WORKS OVER THE MOUTH OF THE PIT; MODE OF EMPTYING THE VESSELS.

SEILSCHEIBEN GERÜSTE, SVERTA METHODEN DER FÖRDERGEFÄSSE.

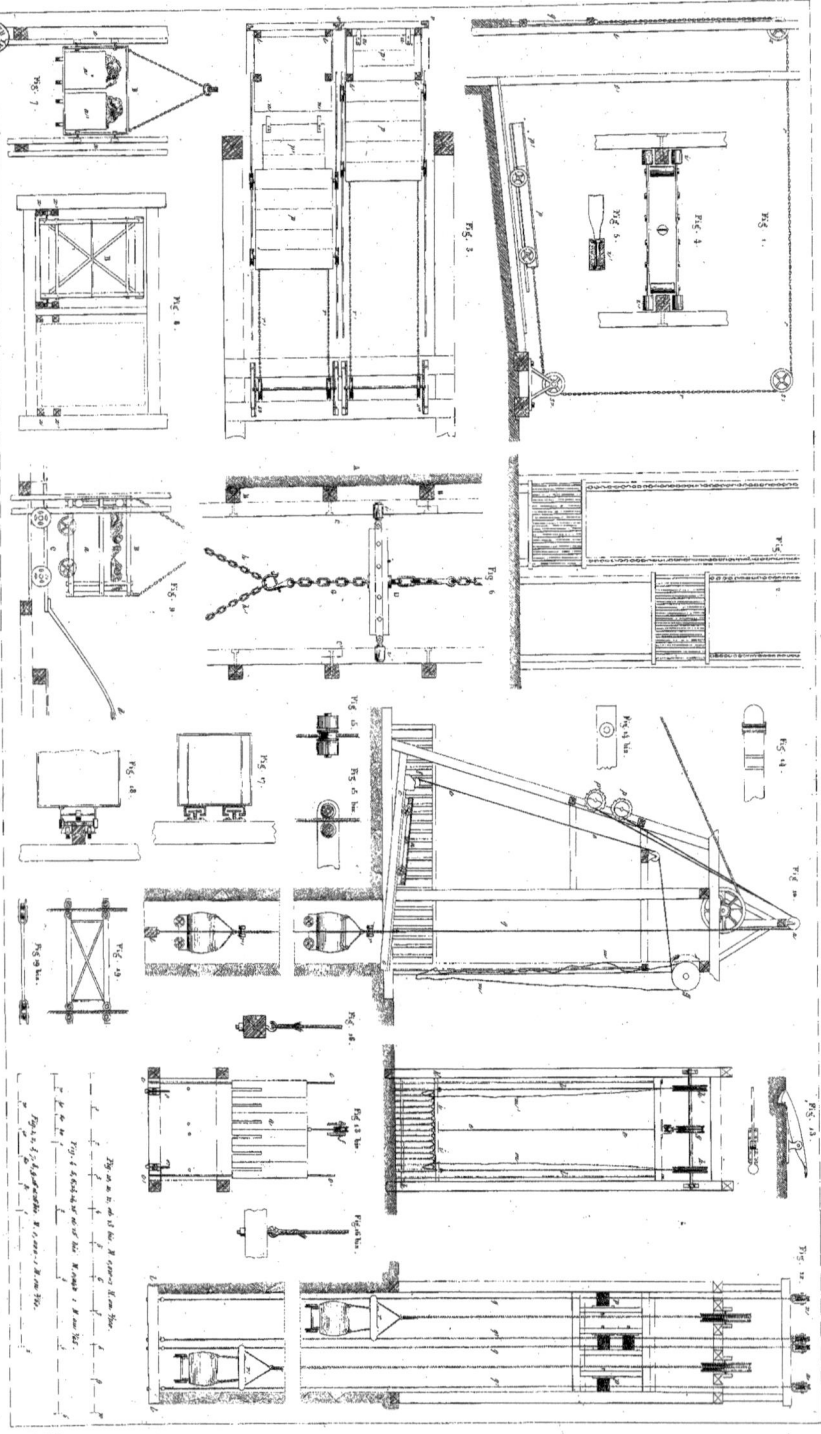

Pl. XLVI.

GUIDES FOR THE RAISING FURS MOVABLE BRIDGES.

CONDUCTEURS DES VASES D'EXTRACTION. PONTS VOLANS.

WANDRUTHEN FÜR DIE FÖRDER GEFÄSSE. SCHEBNE.

Pl. XLVI.

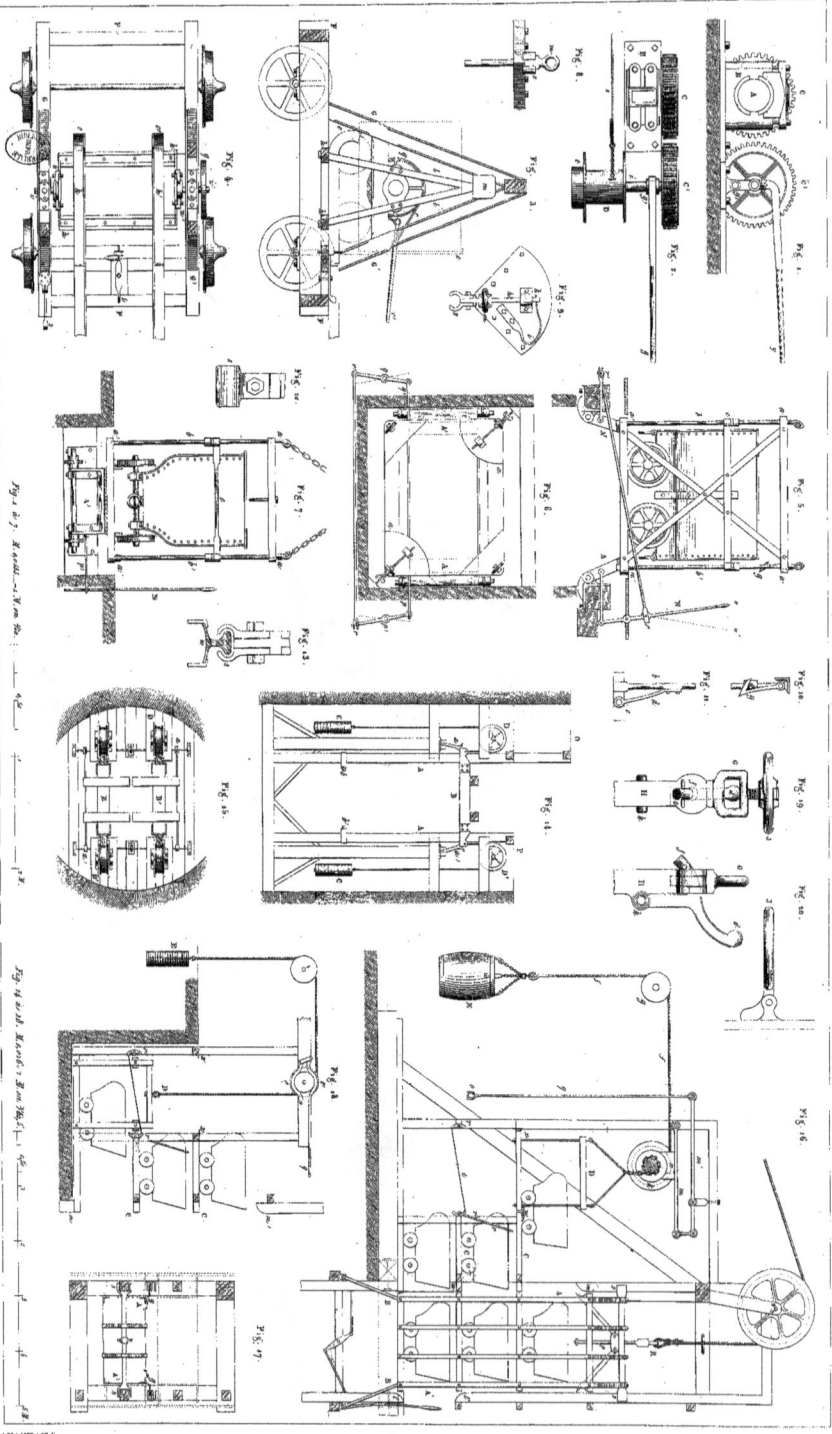

CLIBUTEURS. CAGES D'EXTRACTION.

MODES OF EMPTYING THE WESSELS EMPLOYED FOR RAISING COAL; DRAWING CAGES.

STÜRZE. METHODEN DER FOERDER. GEFÄSSE; FOERDERGRIESTE.

Fig. 1. Fig. 2. Fig. 3. Fig. 4. Fig. 5. Fig. 6. Fig. 7. Fig. 8. Fig. 9. Fig. 10. Fig. 11. Fig. 12. Fig. 13. Fig. 14. Fig. 15. Fig. 16. Fig. 17. Fig. 18. Fig. 19. Fig. 20. Fig. 21.

Pl. XLVII.

CAGES D'EXTRACTION A COMPARTIMENS SUPERPOSÉS.

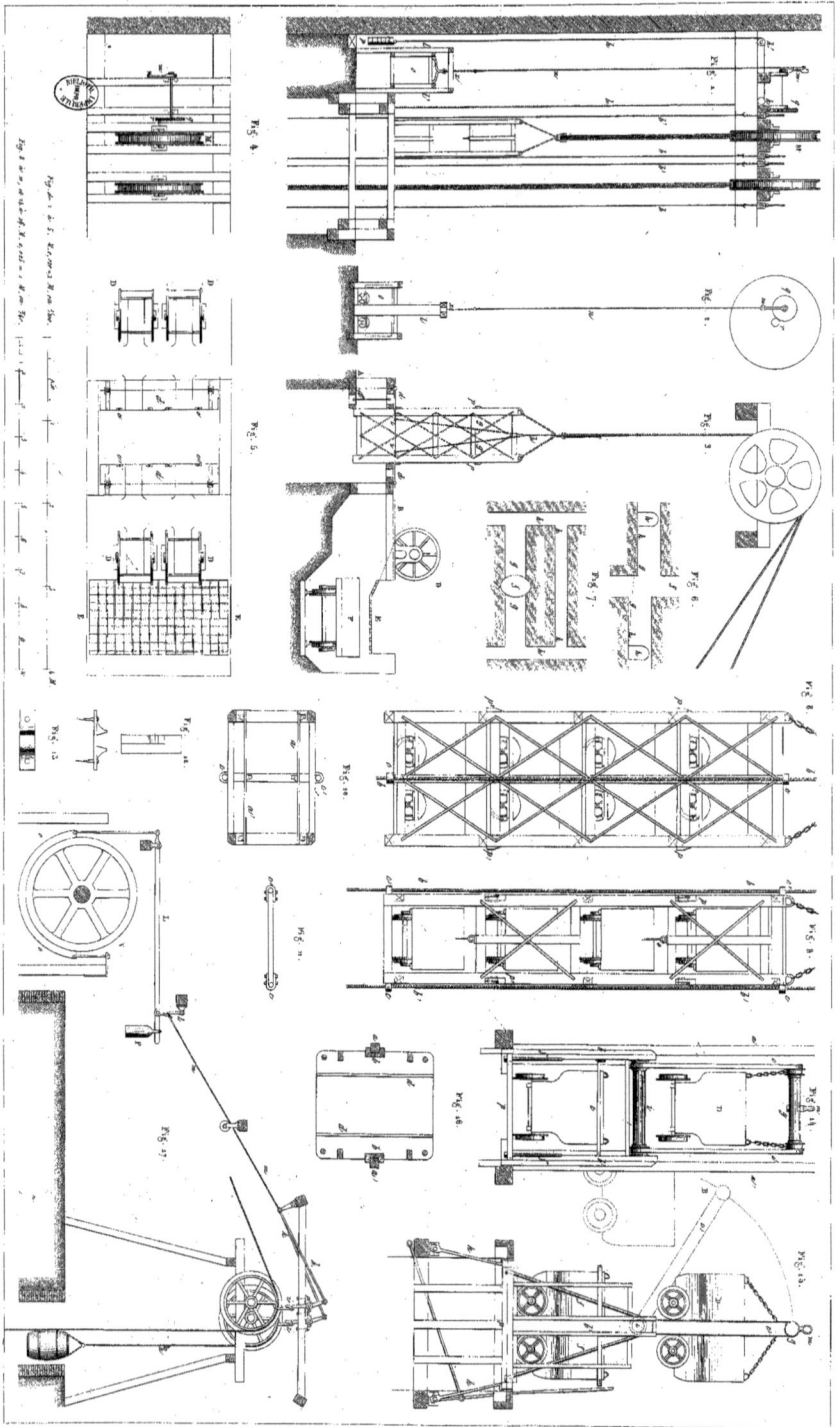

DRAWING CASES WITH COMPARTMENTS PLACED ONE ABOVE THE OTHER.

FÖRDER GERÜSTE MIT MEHREN ETAGEN UEBEREINANDER.

CAGES D'EXTRACTION A COMPARTIMENS SUPERPOSÉS.

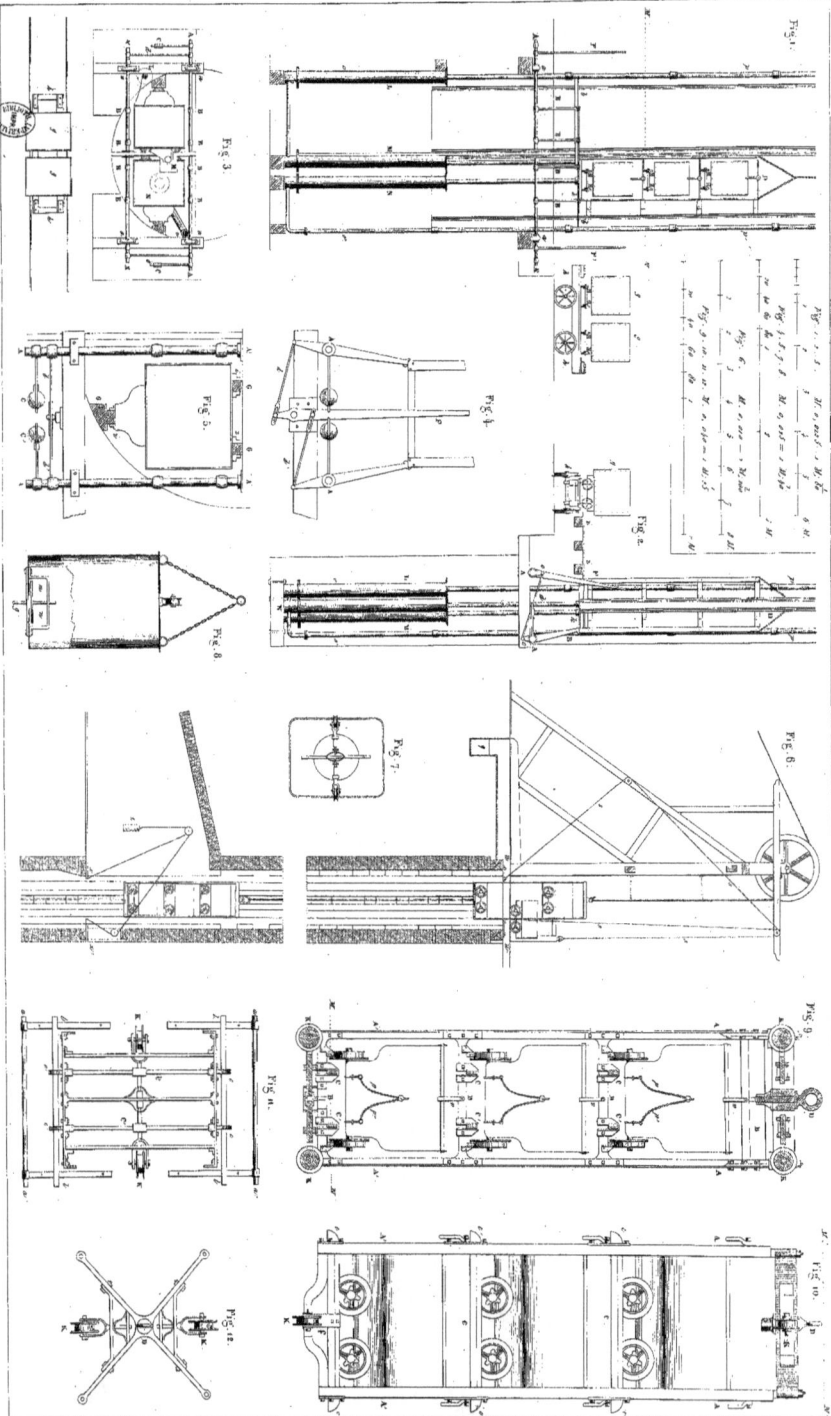

DRAWING CAGES WITH COMPARTMENTS PLACED ONE ABOVE THE OTHER.

FÖRDER GERÜSTE MIT MEHREREN ETAGEN UEBEREINANDER.

Fig. 1.
Fig. 2.
Fig. 3.
Fig. 4.
Fig. 5.
Fig. 6.
Fig. 7.
Fig. 8.
Fig. 9.
Fig. 10.
Fig. 11.
Fig. 12.

Pl. I.

CABLES PLATS. TREUILS. BARTELS CYLINDRIQUES.

PLAT ROPES. WINDLASSES. CYLINDRICAL HORSE GIN.

BANDSEILE. HASPEL. CYLINDRISCHE PFERDE GÖPEL.

Fig. 1.
Fig. 2.
Fig. 3.
Fig. 4.
Fig. 5.
Fig. 6.
Fig. 7.
Fig. 8.
Fig. 9.
Fig. 10.
Fig. 11.
Fig. 12.
Fig. 13.
Fig. 14.
Fig. 15.
Fig. 16.

Pl. I.

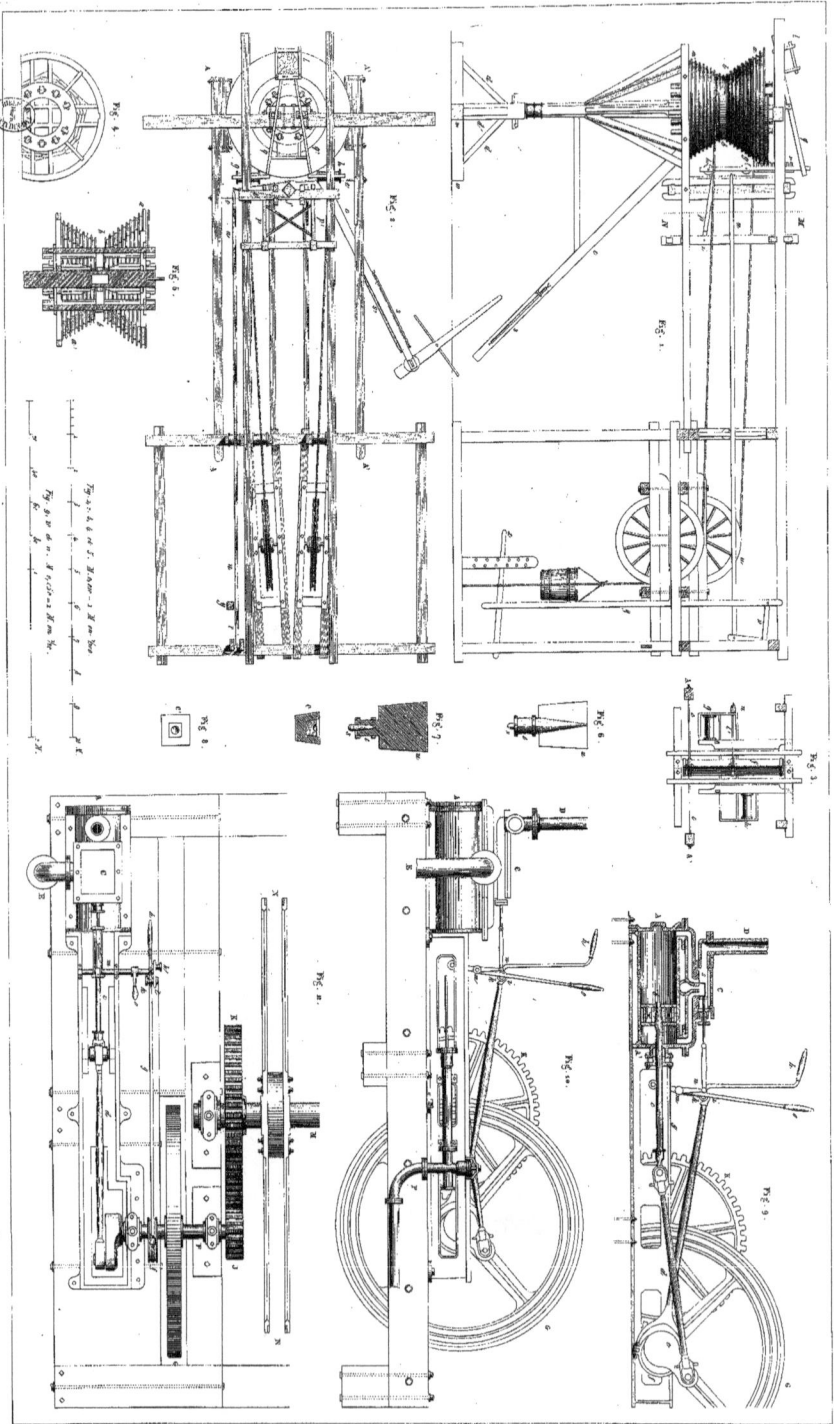

CONICAL HORSE GIN. STEAM ENGINE FOR DRAWING COAL UP WITH HORIZONTAL CYLINDER.

KEGELFÖRMIGE GÖPEL. FÖRDERDAMPFMASCHINE MIT HORIZONTALEN CYLINDER.

Pl. Ll.

MACHINE D'EXTRACTION A CYLINDRE VERTICAL DOUBLE.

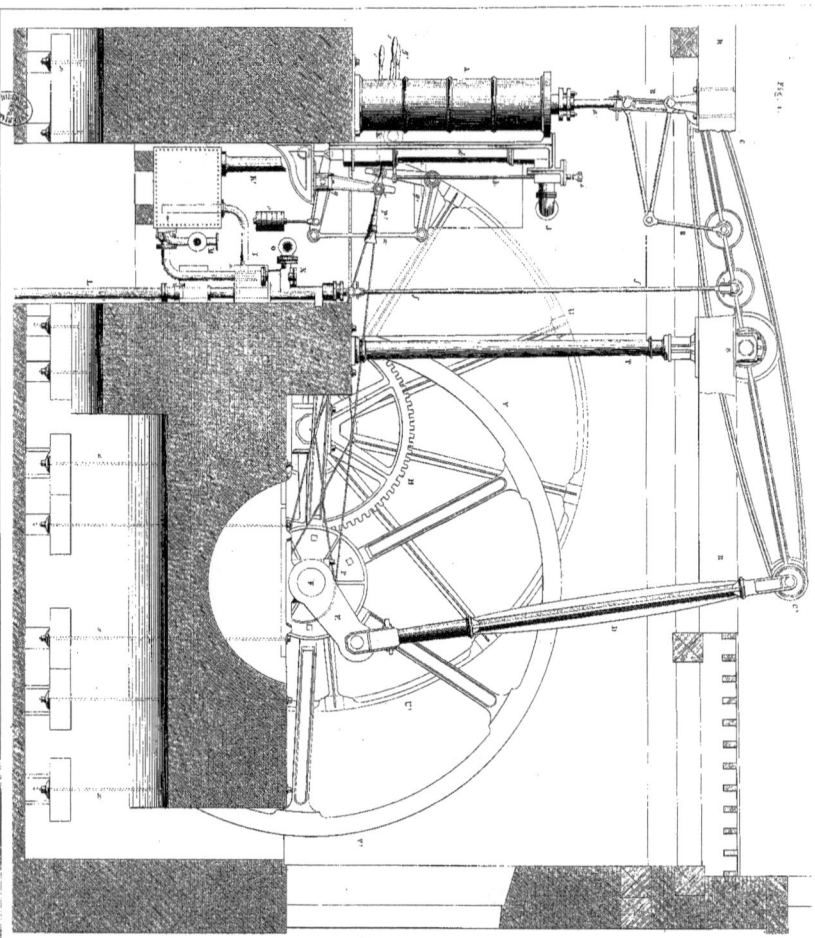

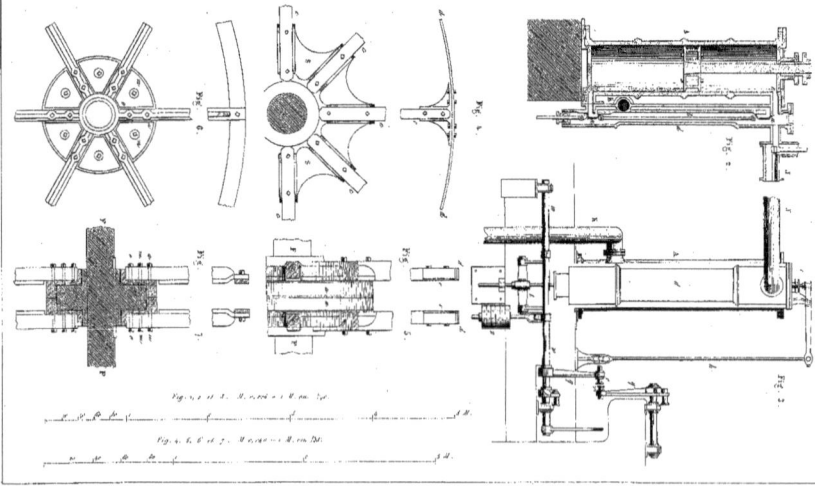

DRAWING STEAM ENGINE WITH VERTICAL CYLINDER DRUMS.

FÖRDERUNGS DAMPFMASCHINE MIT VERTIKALER CYLINDER SEILSCHEIBE.

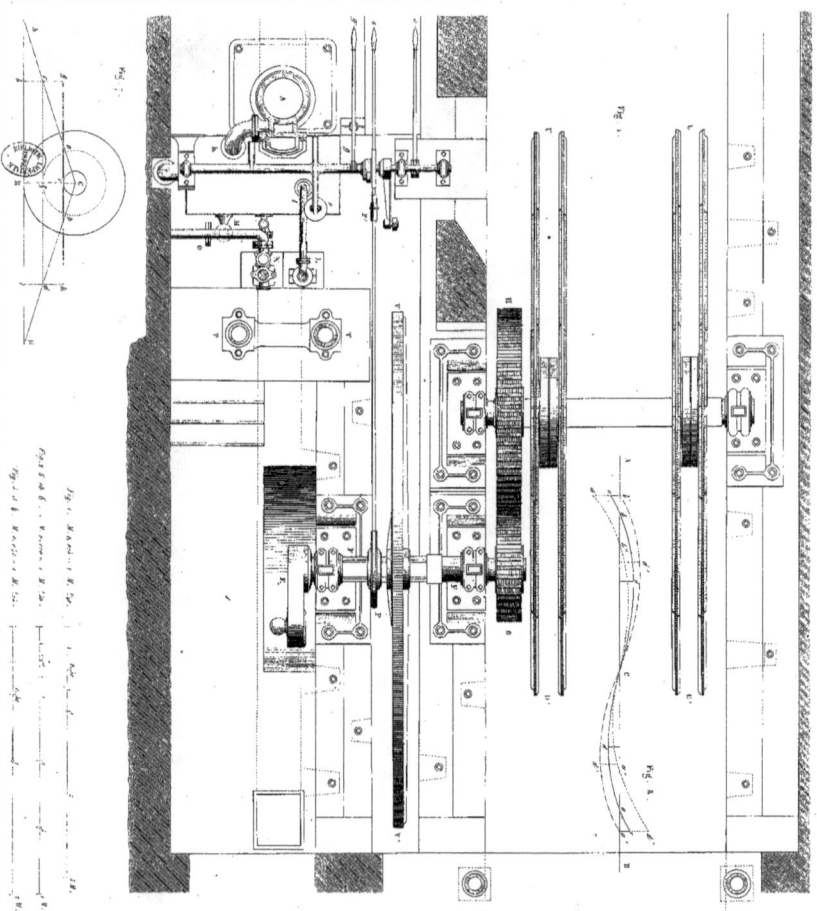

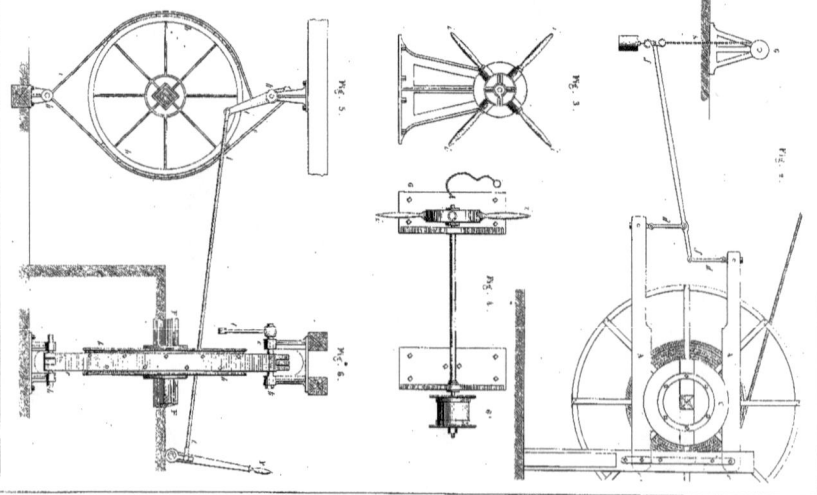

COAL DRAWING STEAM ENGINE BRAKES

MACHINE D'EXTRACTION. FREINS.

FÖRDERUNGS DAMPFMASCHINE BREMSE

Fig. 1.

Fig. 2.

Fig. 3.

Fig. 4.

Fig. 5.

Fig. 6.

Fig. 7.

Fig. 8.

Fig. A.

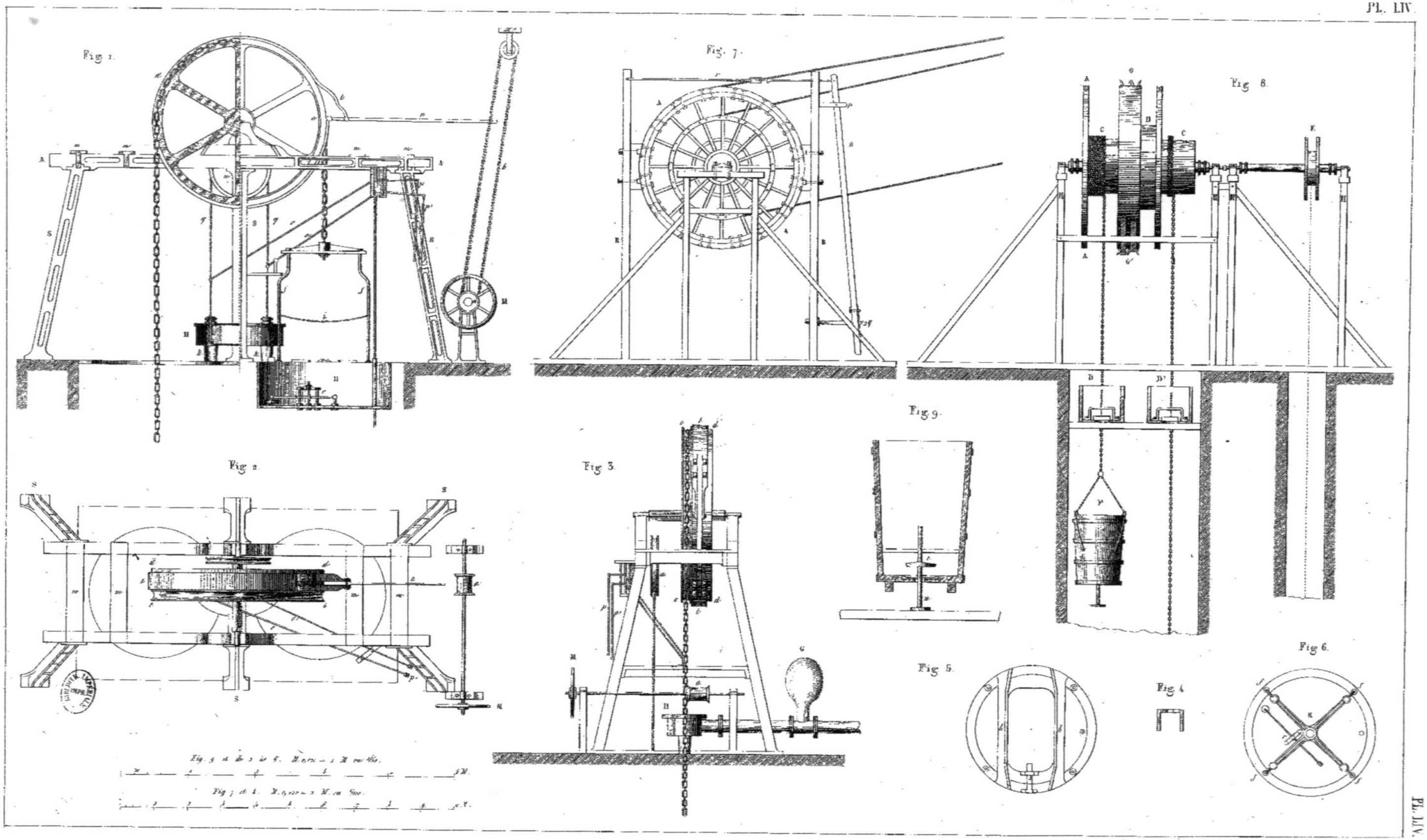

BALANCE ENGINE.

Fig 1.

Fig 2.

Fig 3.

Fig 5.

Fig 7.

Fig 9.

Fig 8.

Fig 4.

Fig 6.

WASSERWAGEN, ODER FÖRDERUNG MITTELST GEGENGEWICHTES.

Pl. LIV.

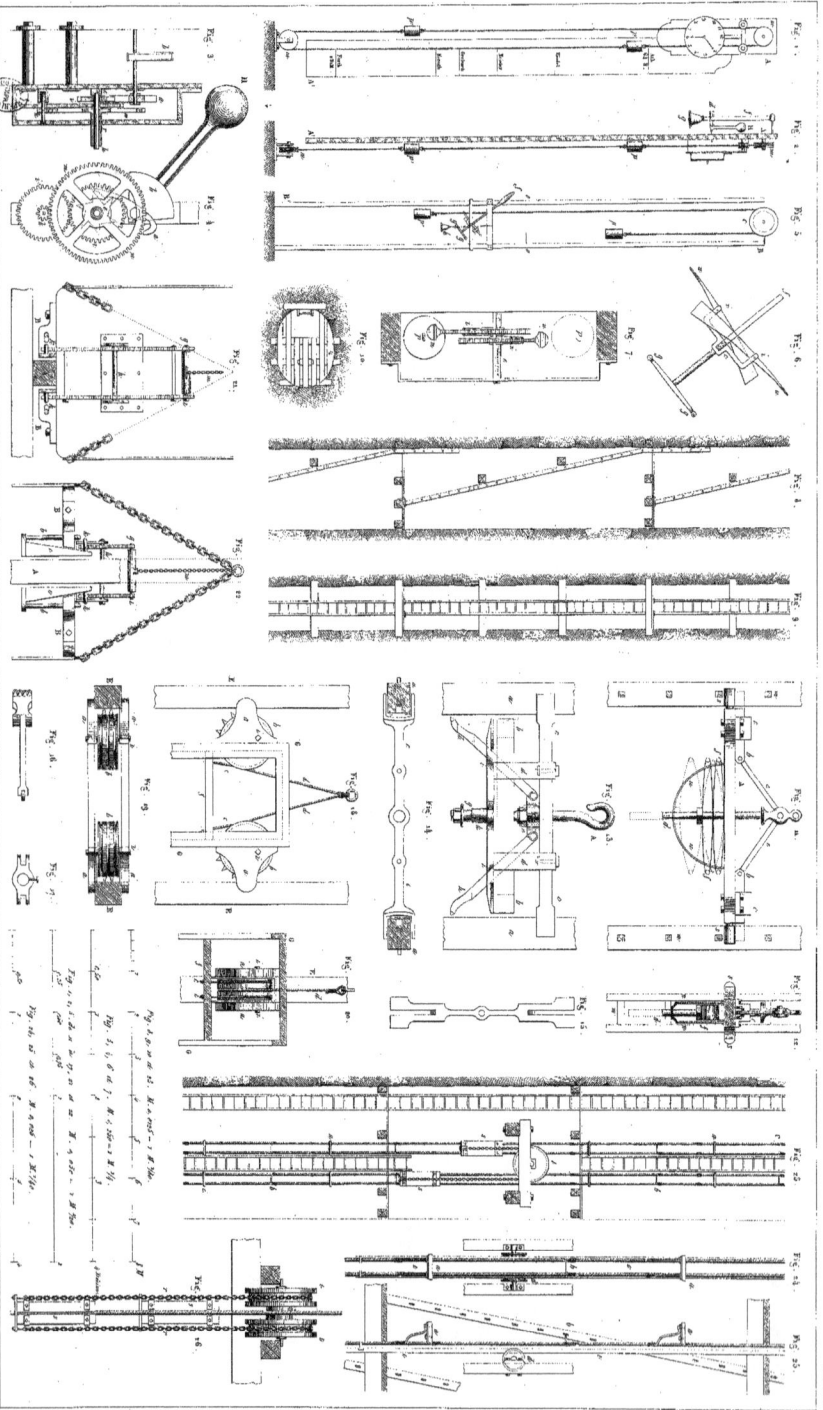

Pl. LV.

COMPTEURS; ÉCHELLES ORDINAIRES; PARACHUTES; ÉCHELLES MOBILES DU HARTZ.

INDICATOR. ORDINARY LADDERS. REY'S MACHINE OF THE HARTZ.

ZÄHLER. GEWÖHNLICHE FAHRTEN. FANGVORRICHTUNG. HARTZER FAHRKUNST.

Pl. LV.

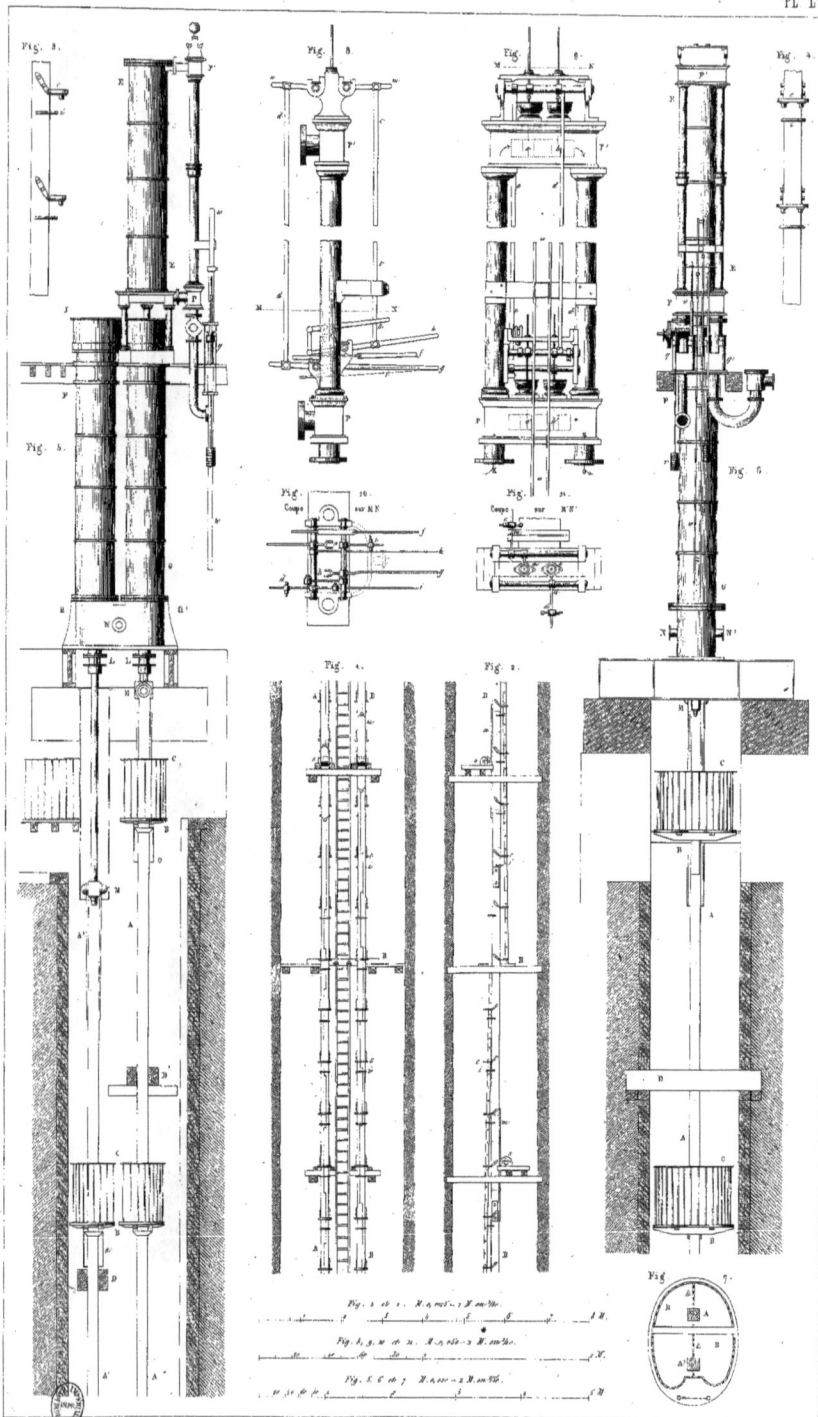

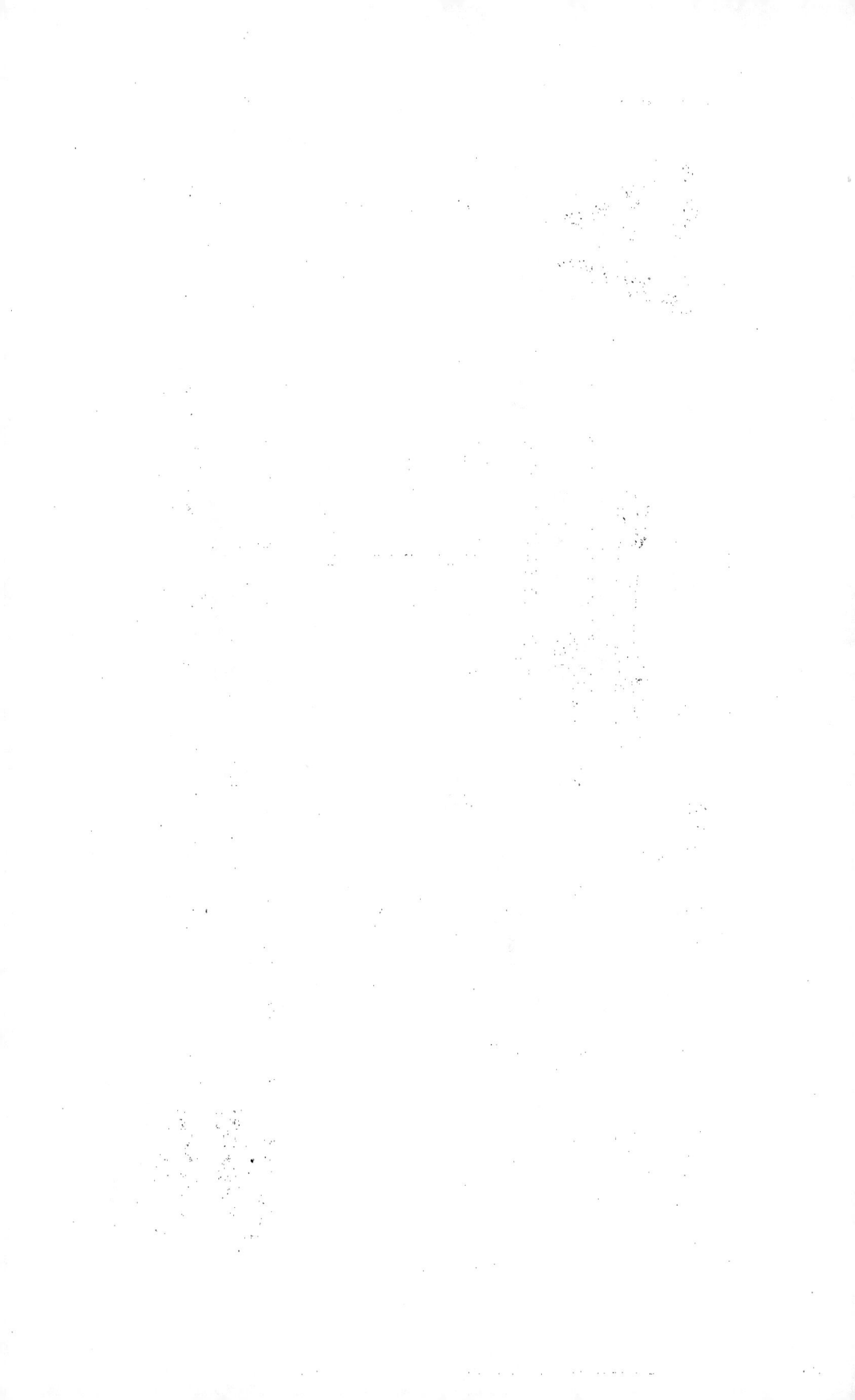

Fig. 1.

Fig. 2.

Fig. 3.

Fig. 4.

Fig. 5.

Fig. 6.

Fig. 7.

Fig. 8.

Fig. 9.

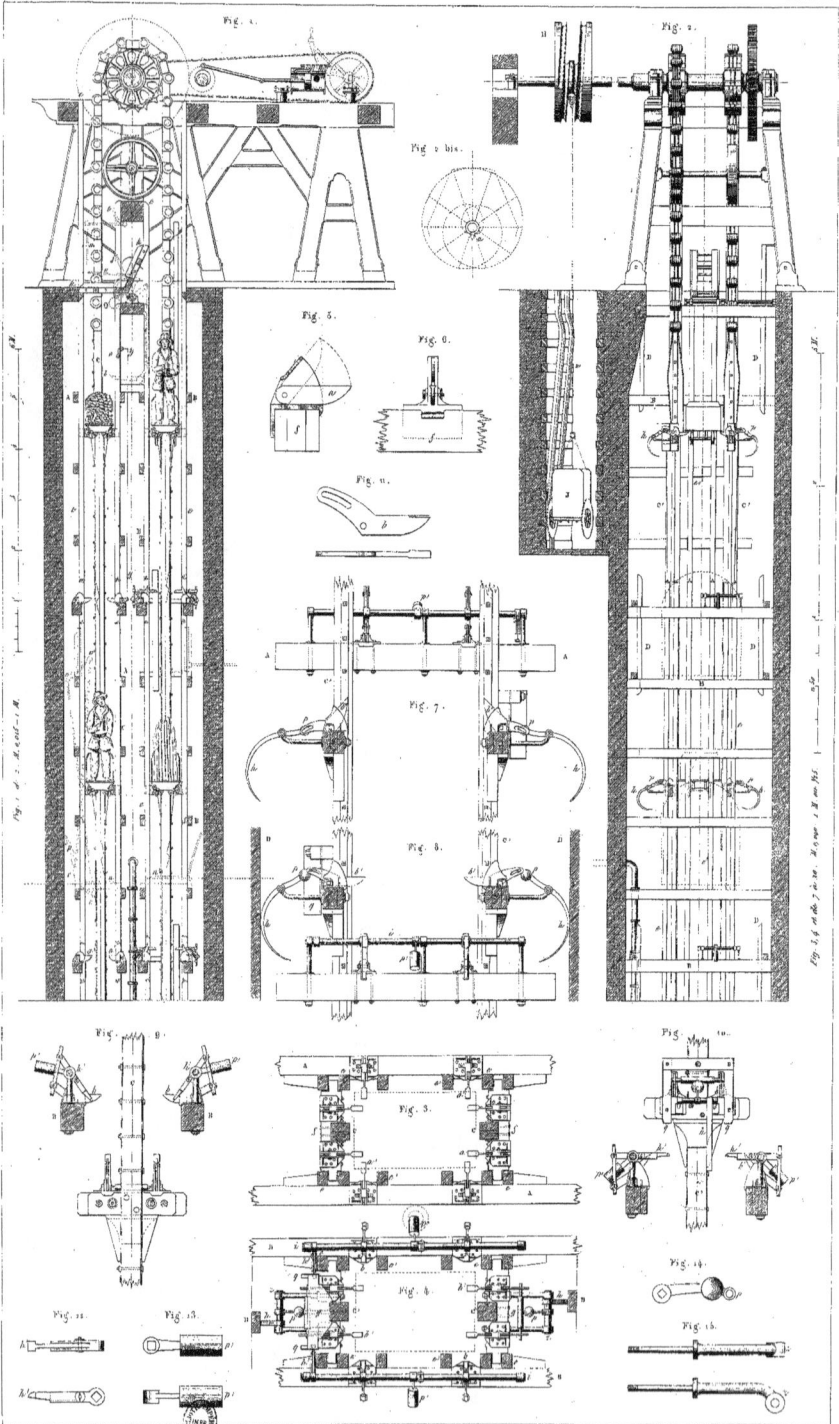

Fig. 1.

Fig. 2.

Fig. 2 bis.

Fig. 5.

Fig. 6.

Fig. 11.

Fig. 7.

Fig. 8.

Fig. 9.

Fig. 10.

Fig. 3.

Fig. 4.

Fig. 12.

Fig. 13.

Fig. 14.

Fig. 15.

Fig. 1.

Fig. 4.

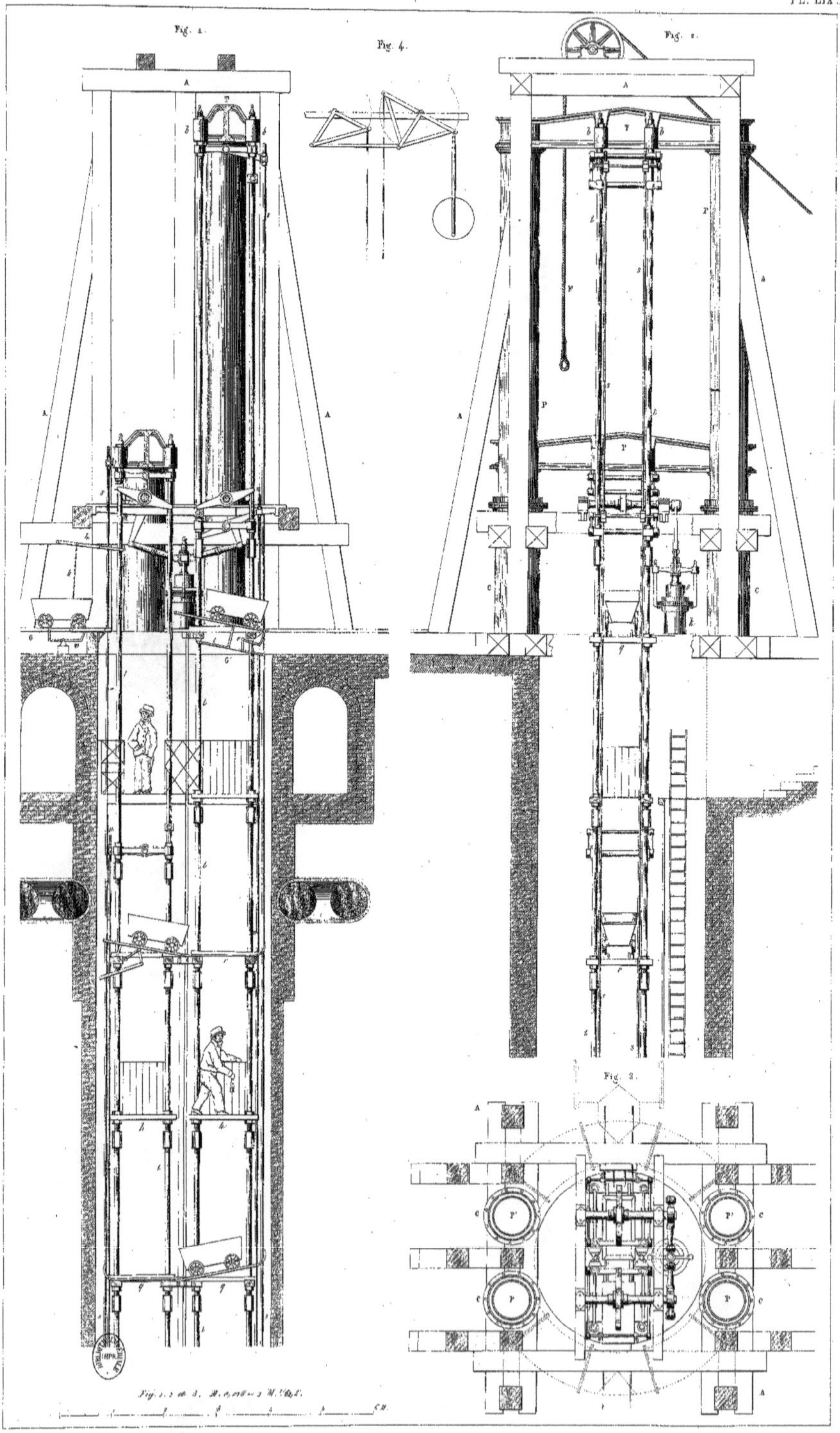

Fig. 2.

Fig. 3.

Fig. 1, 2 et 3.

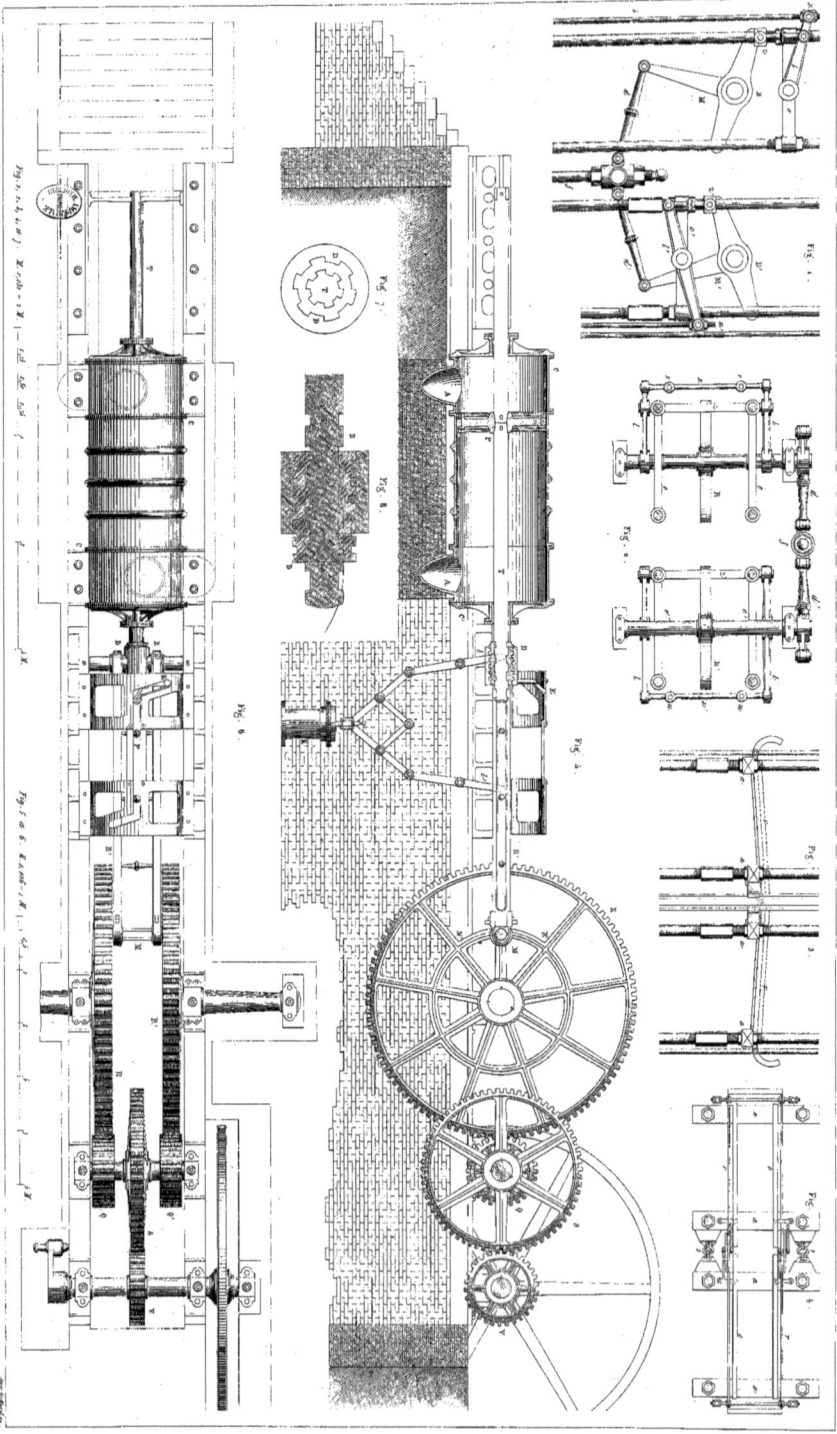

PREMIER MACHINE DES MINES GUIBAL.

PL. LX.

PL. LX.

PONT VOLANT. CRIBLAGE DE LA HOUILLE.

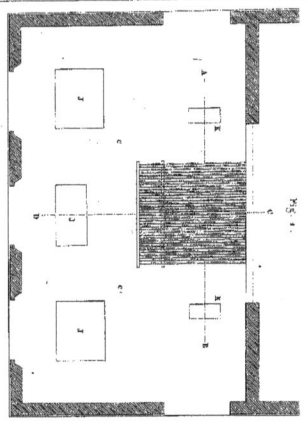

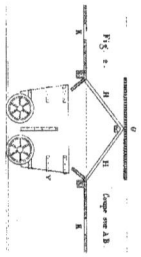

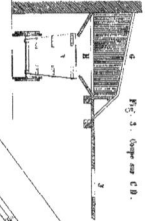

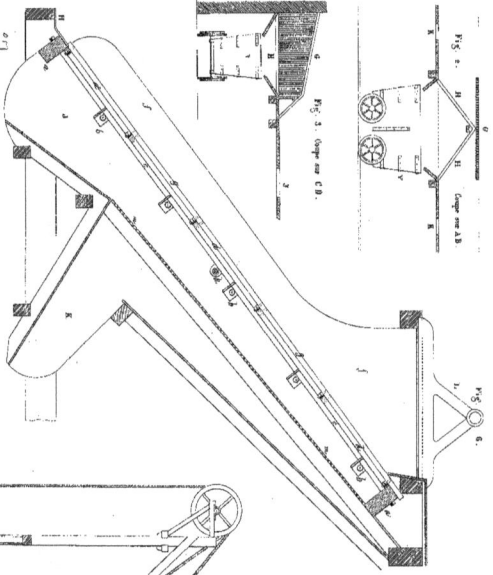

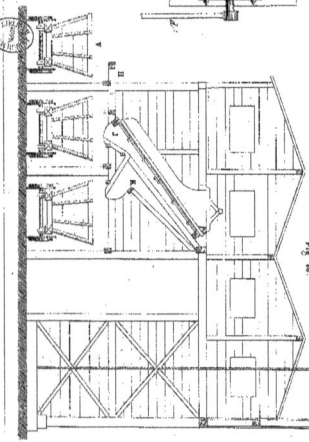

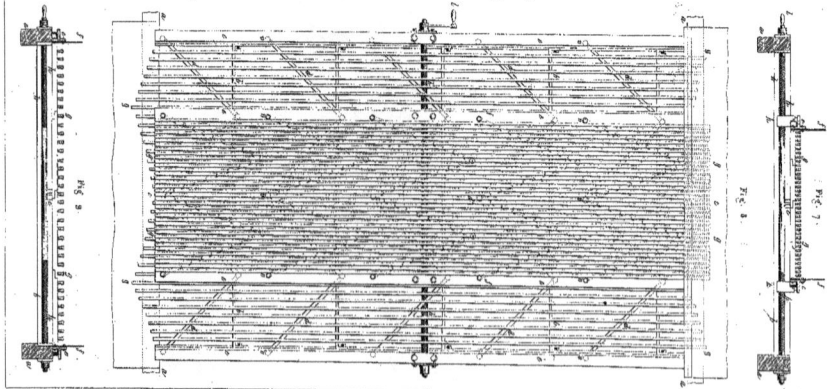

MOVABLE BRIDGE. COAL SCREENS.

ROLLBRÜCKEN. KOHLEN SCHEIDUNG.

Pl. LXI.

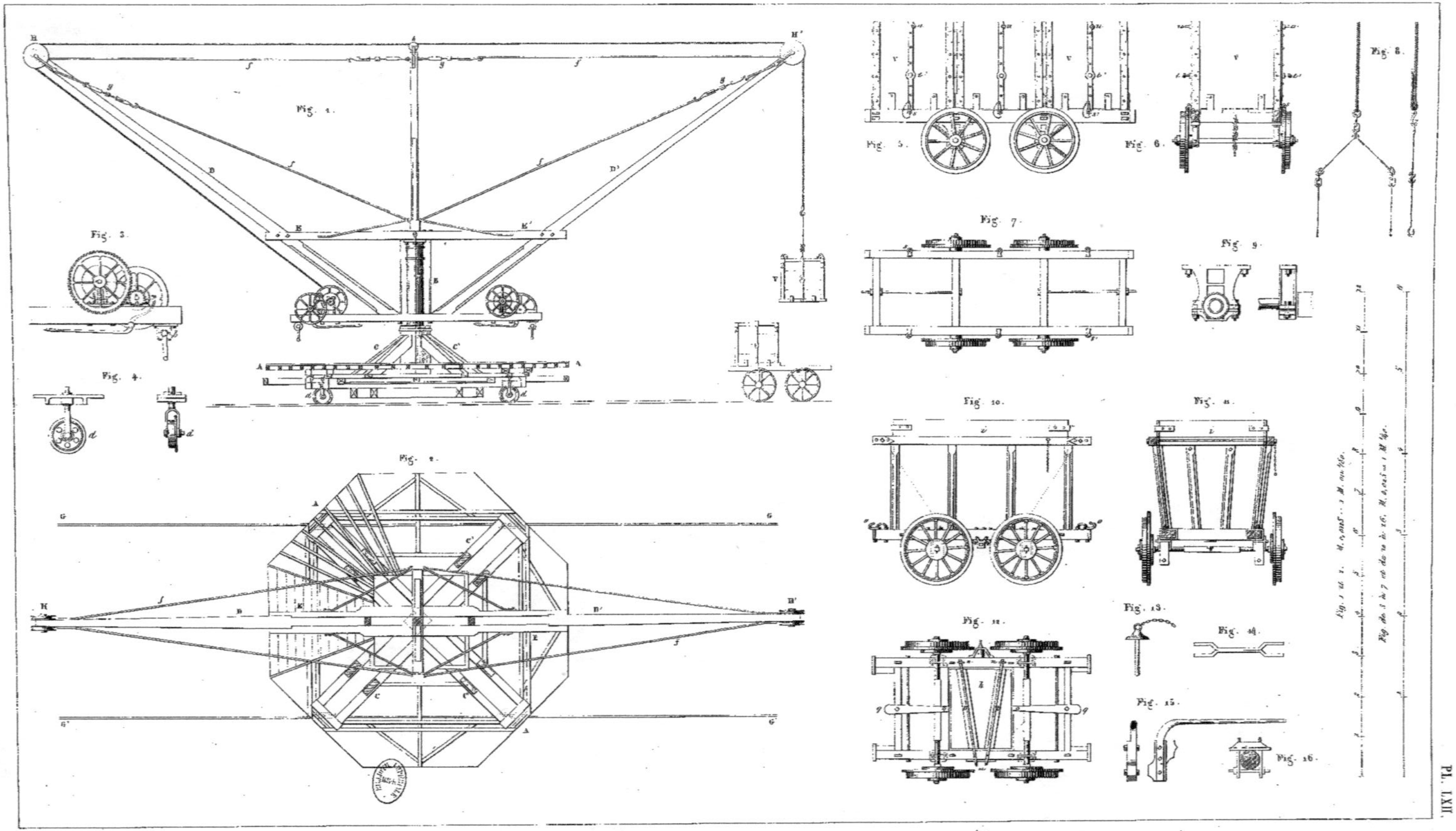

Fig. 1.

Fig. 2.

Fig. 3.

Fig. 4.

Fig. 5.

Fig. 6.

Fig. 7.

Fig. 8.

Fig. 9.

Fig. 10.

Fig. 11.

Fig. 12.

Fig. 13.

Fig. 14.

Fig. 15.

Fig. 16.

Fig. 1 et 2. H. o, 025. = 1 M. ou 1/40.

Fig. de 3 à 7 et do 10 à 16. H. 0, 025 = 1 M. 1/40.

Lonih de L. Pohr, Editeur à Liege.

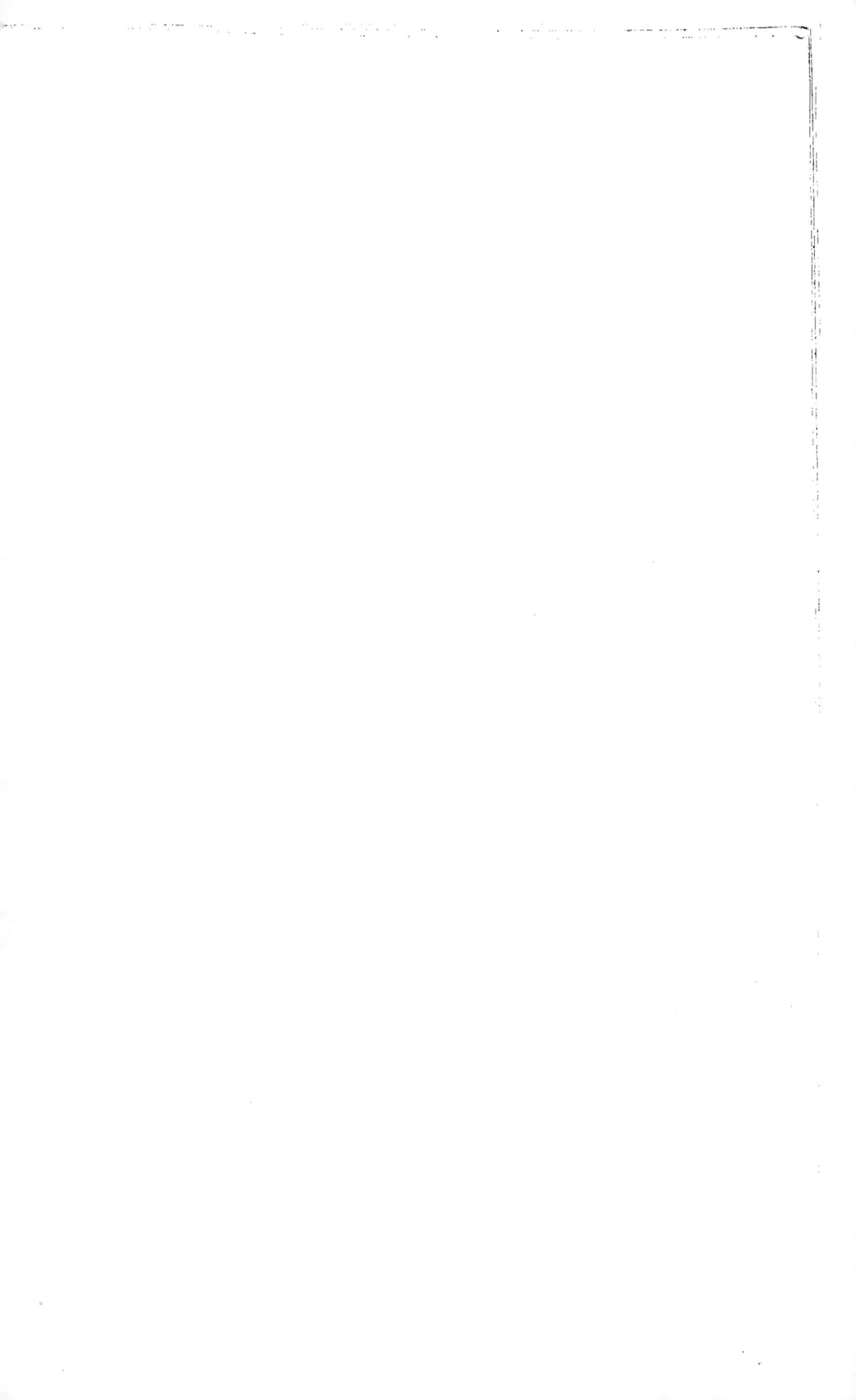

APPAREILS DESTINÉS AU CHARGEMENT DES BATEAUX.

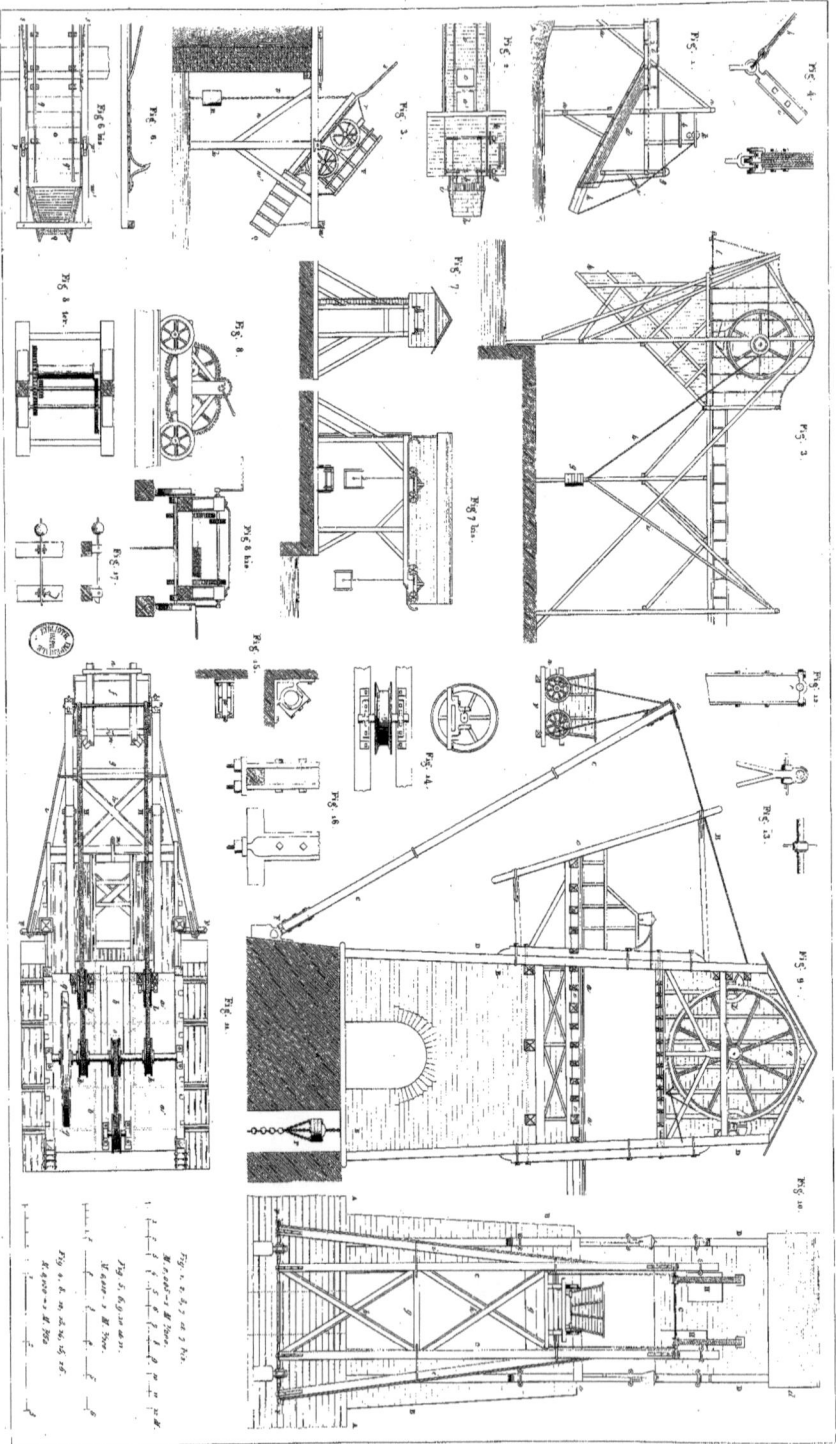

VARIOUS MECHANICAL ARRANGEMENTS FOR LOADING SHIPS.

APPARATE ZUR LADUNG DER SCHIFFE.

Fig. 1. Fig. 2. Fig. 3. Fig. 4. Fig. 5. Fig. 6. Fig. 6 bis. Fig. 7. Fig. 7 bis. Fig. 8. Fig. 8 bis. Fig. 8 ter. Fig. 9. Fig. 10. Fig. 11. Fig. 12. Fig. 13. Fig. 14. Fig. 15. Fig. 16.

SEGMENTS ET PUITS CUBÉS EN BOIS ET EN MAÇONNERIE.

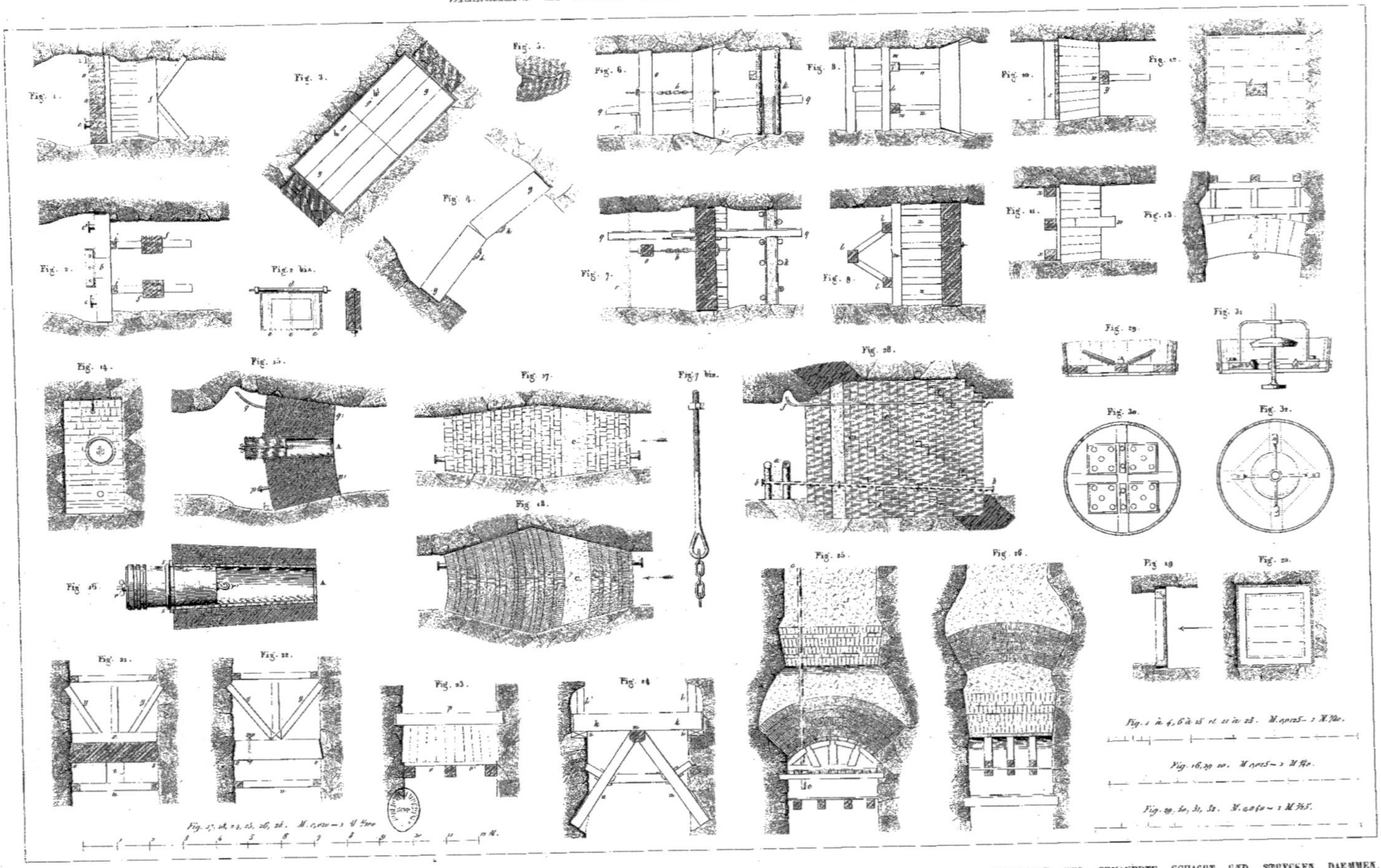

DAMS OF WOOD OR MASONRY BUILT IN THE SHAFT AND DRIFTS.

BOHLLEHNE UND GEMAUERTE SCHACHT UND STRECKEN DÄMME.

PL. LXIV.

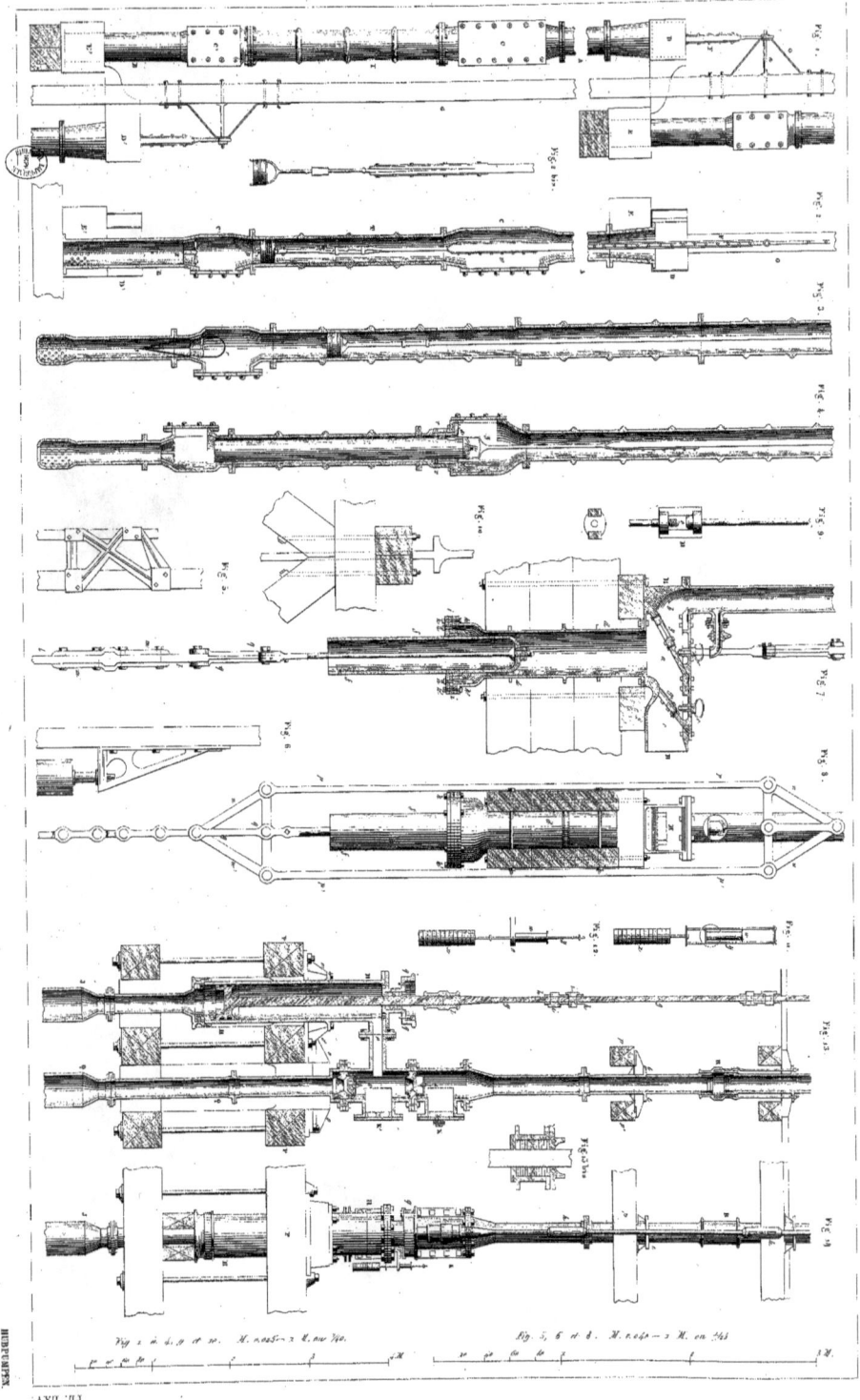

Fig. 1.
Fig. 1 bis.
Fig. 2.
Fig. 3.
Fig. 4.
Fig. 10.
Fig. 5.
Fig. 9.
Fig. 7.
Fig. 8.
Fig. 6.
Fig. 12.
Fig. 11.
Fig. 13.
Fig. 13 bis.
Fig. 14.

Fig. 1, 2, 3, 4, 9 et 10. M. n.025 = 1 M. ou 1/40.

Fig. 5, 6 et 8. M. n.040 = 1 M. ou 1/25.

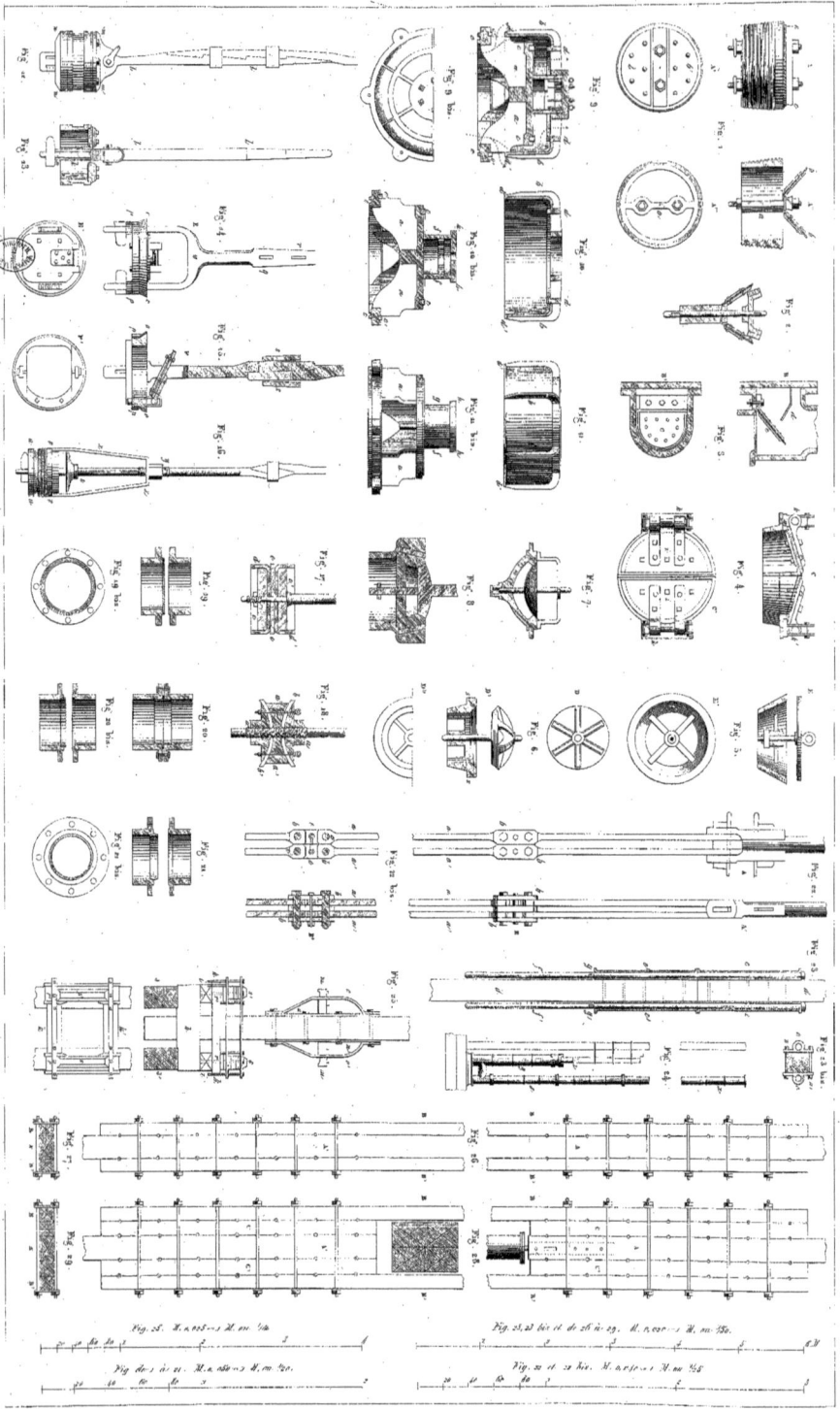

SOUPAPES, PISTONS, ASSEMBLAGE DES MATIÈRES TEXTILES.

VALVES. PUMP BUCKETS. METHOD OF CONNECTING PUMP RODS.

VENTILE. KOLBEN. ZUSAMMENFÜGUNG DER GESTRÄNGE.

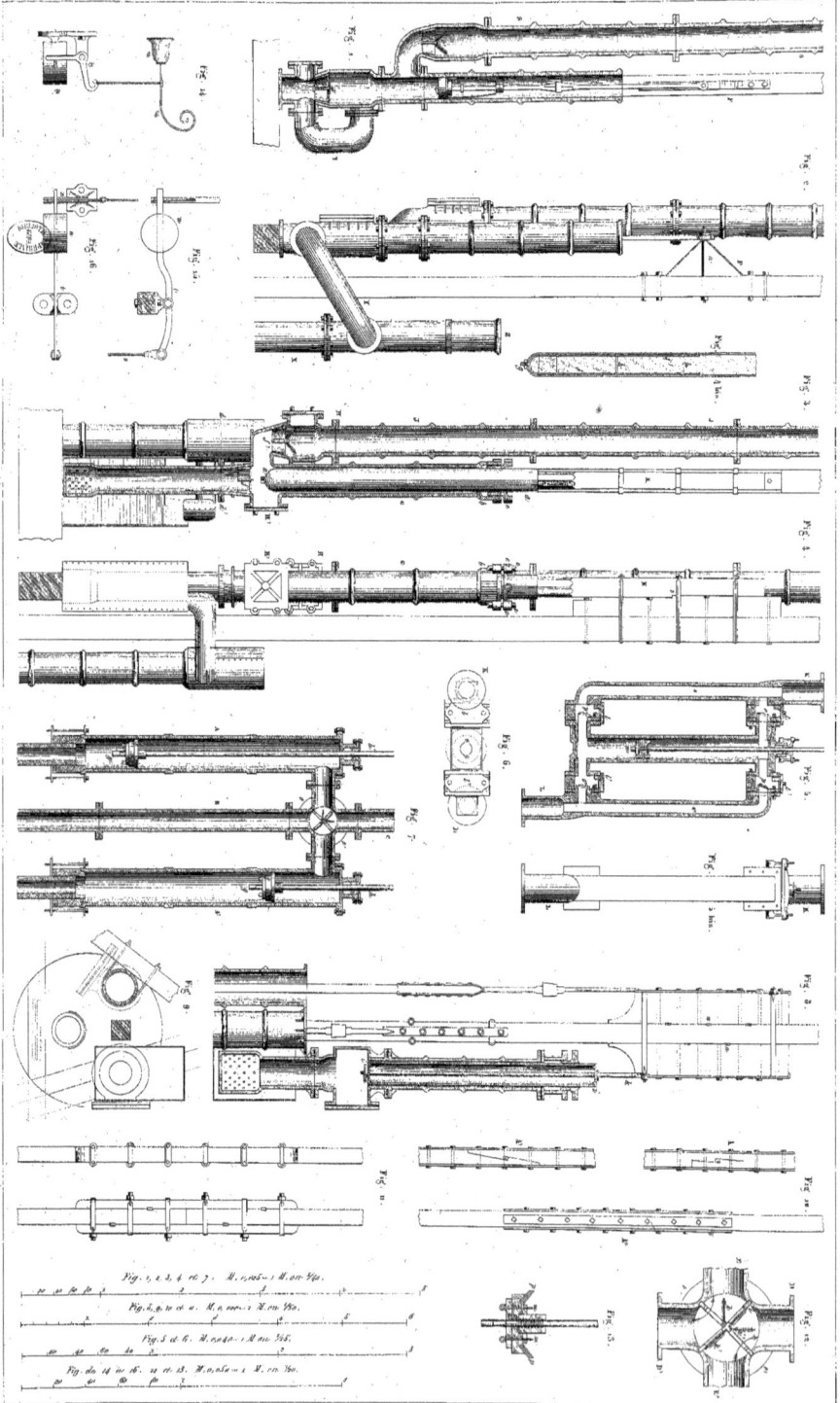

Pl. LXVII.

FORCING PUMPS; DOUBLE ACTION PUMPS.

DRUCK PUMPEN; DOPPELT WIRKENDE PUMPEN.

Fig. 1.
Fig. 2.
Fig. 3.
Fig. 4.
Fig. 5.
Fig. 6.
Fig. 7.
Fig. 8.
Fig. 9.
Fig. 10.
Fig. 11.
Fig. 12.
Fig. 13.
Fig. 14.
Fig. 15.
Fig. 16.

Fig. 1, 2, 3, 4 et 7. M. 0,005 = 1 M. ou 1/40.
Fig. 8, 9, 10 et 11. M. 0,001 = 1 M. ou 1/80.
Fig. 5 et 6. M. 0,040 = 1 M. ou 1/5.
Fig. 12, 13, 14 et 15, 16. M. 0,050 = 1 M. ou 1/20.

Pl. LXVII.

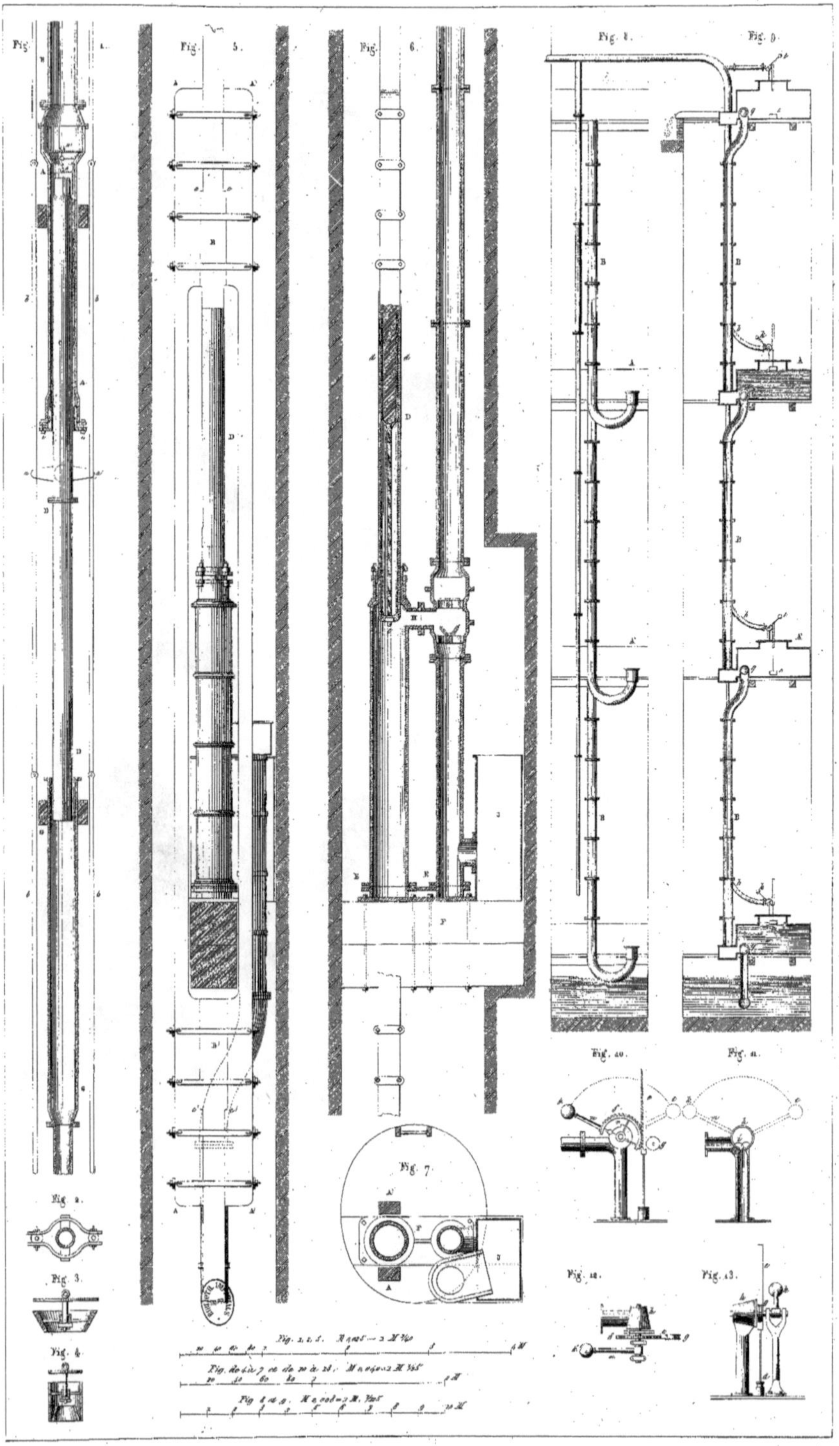
Fig. 1.
Fig. 5.
Fig. 6.
Fig. 8.
Fig. 9.
Fig. 2.
Fig. 3.
Fig. 4.
Fig. 7.
Fig. 10.
Fig. 11.
Fig. 12.
Fig. 13.

PUMPS; PNEUMATIC MACHINE FOR RAISING THE WATER

Établt de H. Noblet, Éditeur à Liège

PUMPEN; PNEUMATISCHE WASSERHALTUNGS MASCHINE.

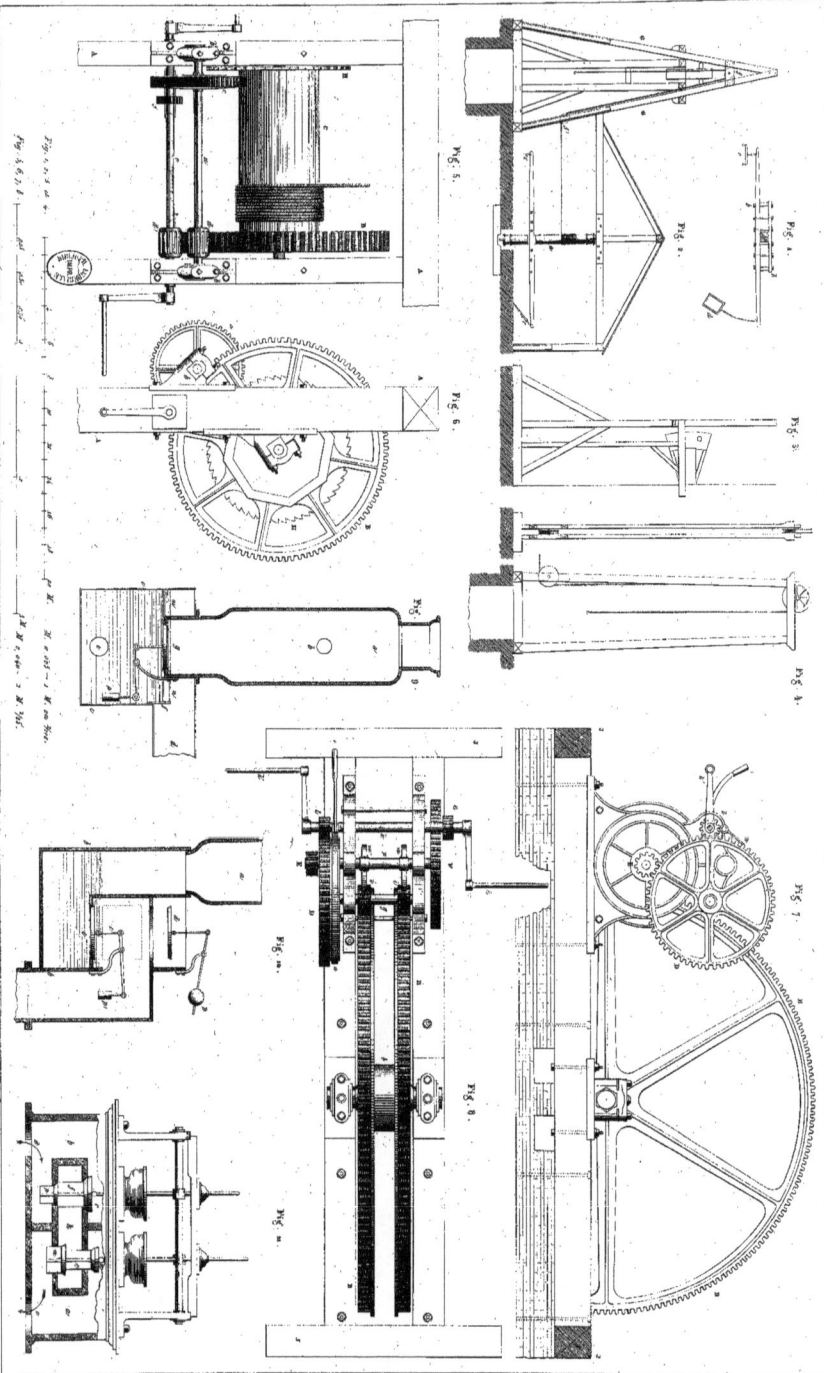

ENGINS DESTINÉS AU MONTAGE ET A LA RÉPARATION DES POMPES.

IMPLEMENTS USED IN PLACING AND REPAIRING THE PUMPS.

WERKZEUGE ZUM EINBAU UND ZUR REPARATUR DER PUMPEN SAETZE.

PL. LXIX.

MONTAGE DES POMPES; TRANSMISSION DE MOUVEMENT. PL. LXX.

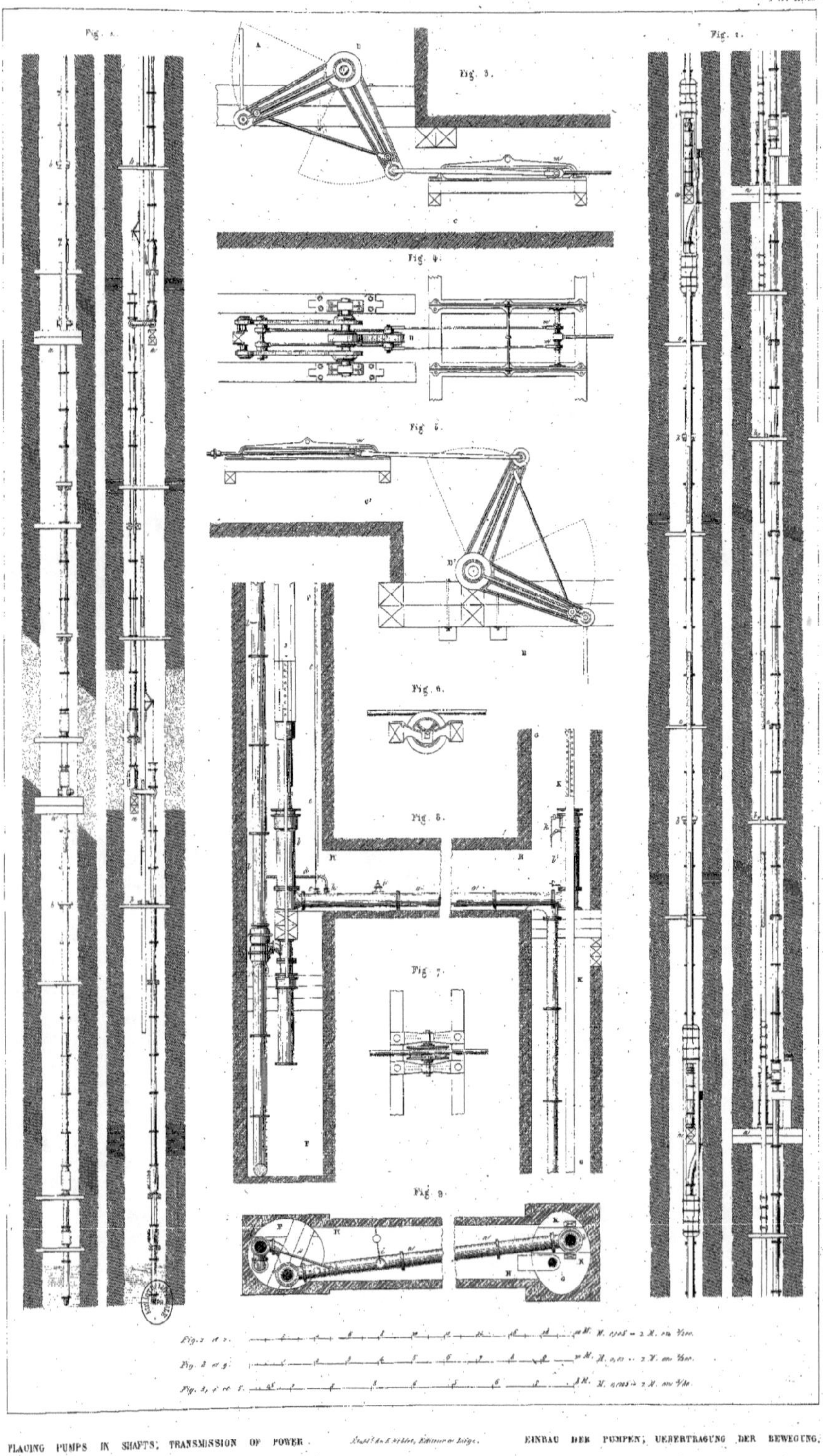

Fig. 1.
Fig. 2.
Fig. 3.
Fig. 4.
Fig. 5.
Fig. 6.
Fig. 7.
Fig. 8.
Fig. 9.

PLACING PUMPS IN SHAFTS; TRANSMISSION OF POWER.

Établ.t de E. Noblet, Éditeur à Liège.

EINBAU DER PUMPEN; UEBERTRAGUNG DER BEWEGUNG.

Pl. LXXI.

INSTALLATION DES POMPES DANS LES AVALERESSES: POMPES À BRAS ET À CHEVAUX.

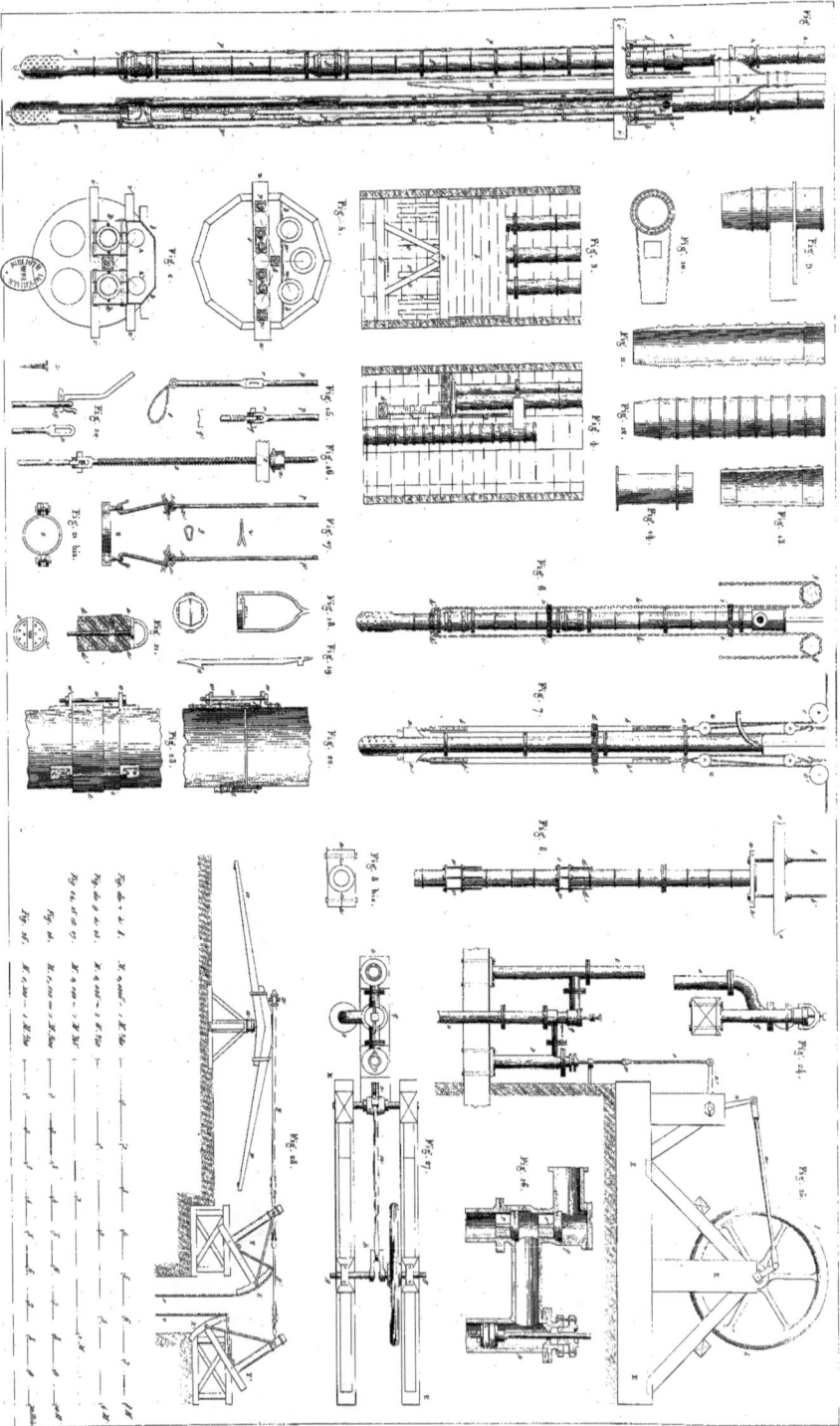

METHOD OF PLACING PUMPS DURING SINKING OF THE SHAFT, HAND PUMPS; PUMPS WORKED BY HORSE POWER.

EINRICHTUNG DER PUMPEN BEIM ABTEUFEN. HAND UND PFERDE PUMPEN.

Pl. LXXI.

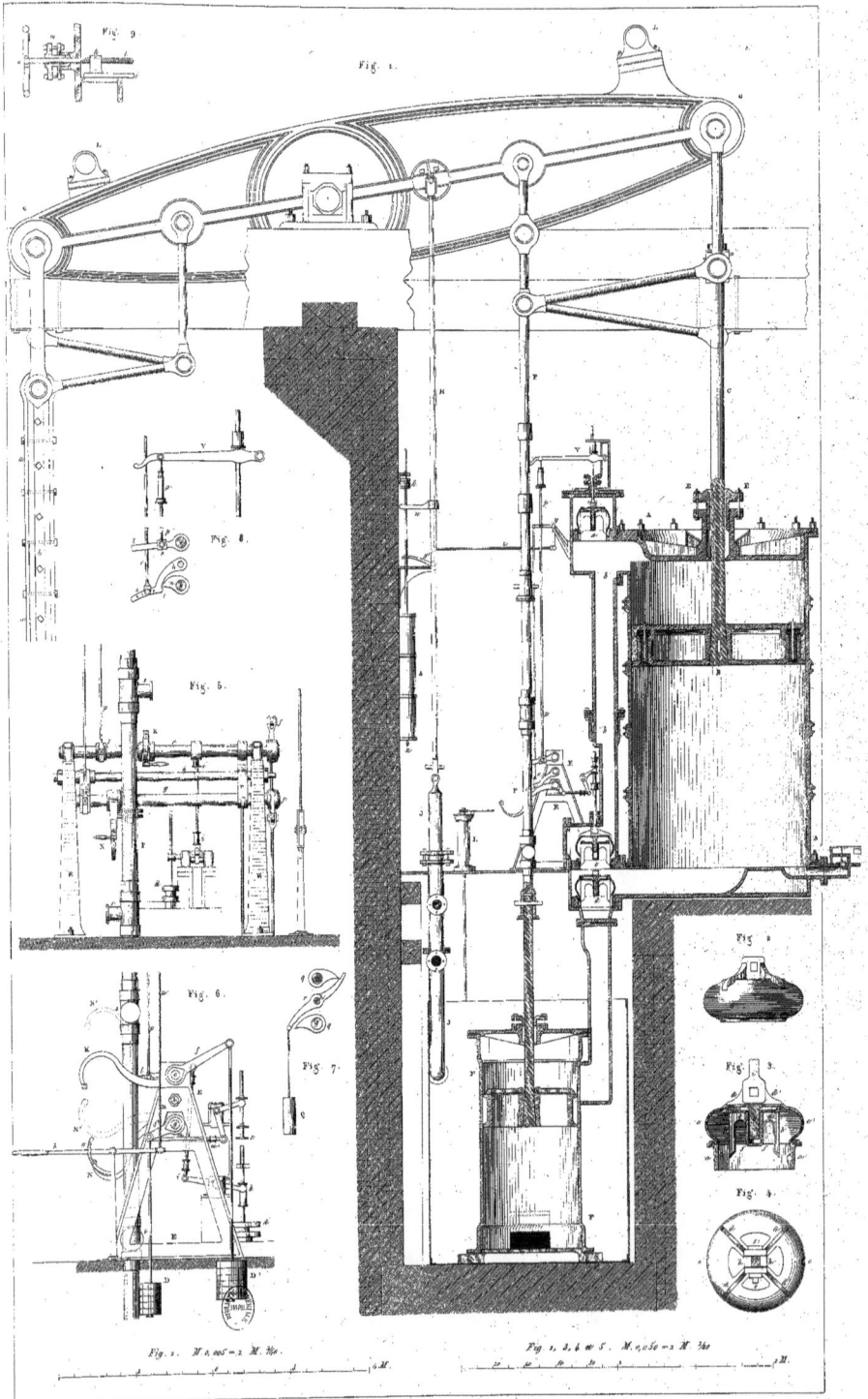

Fig. 9.

Fig. 1.

Fig. 8.

Fig. 5.

Fig. 6.

Fig. 7.

Fig. 2.

Fig. 3.

Fig. 4.

Fig. 1. M. 0,005 = 1 M. 1/20.

Fig. 1, 3, 4 et 5. M. 0,050 = 1 M. 1/20.

DRAINING ENGINE IN USE AT THE ESPERANCE COLLIERY.

WASSERHALTUNGS MASCHINE DER ESPERANCE ZU SERAING.

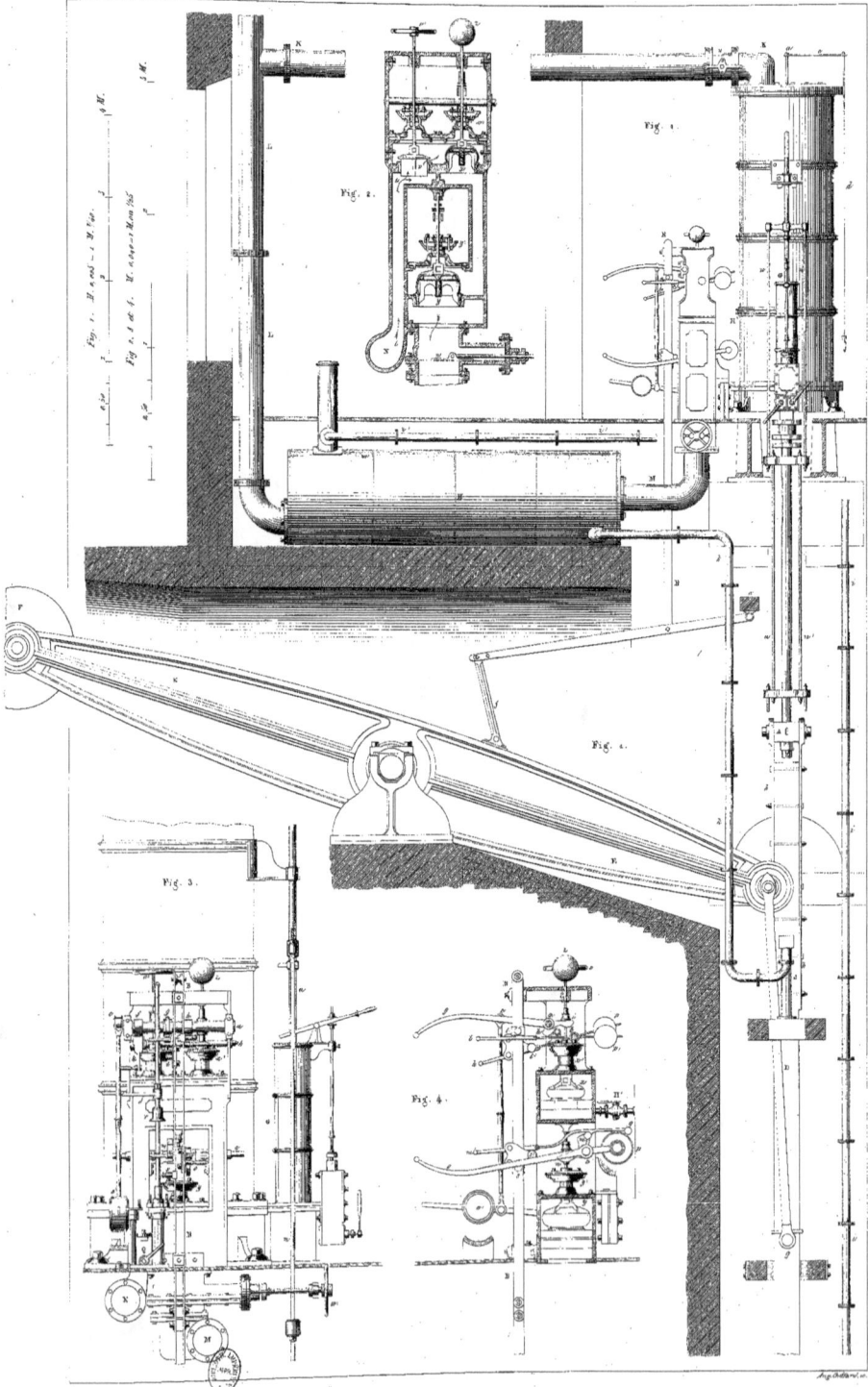

Fig. 1.

Fig. 2.

Fig. 3.

Fig. 4.

DIRECT ACTION STEAM ENGINE.

DIRECT WIRKENDE WASSERHALTUNGS DAMPFMASCHINE.

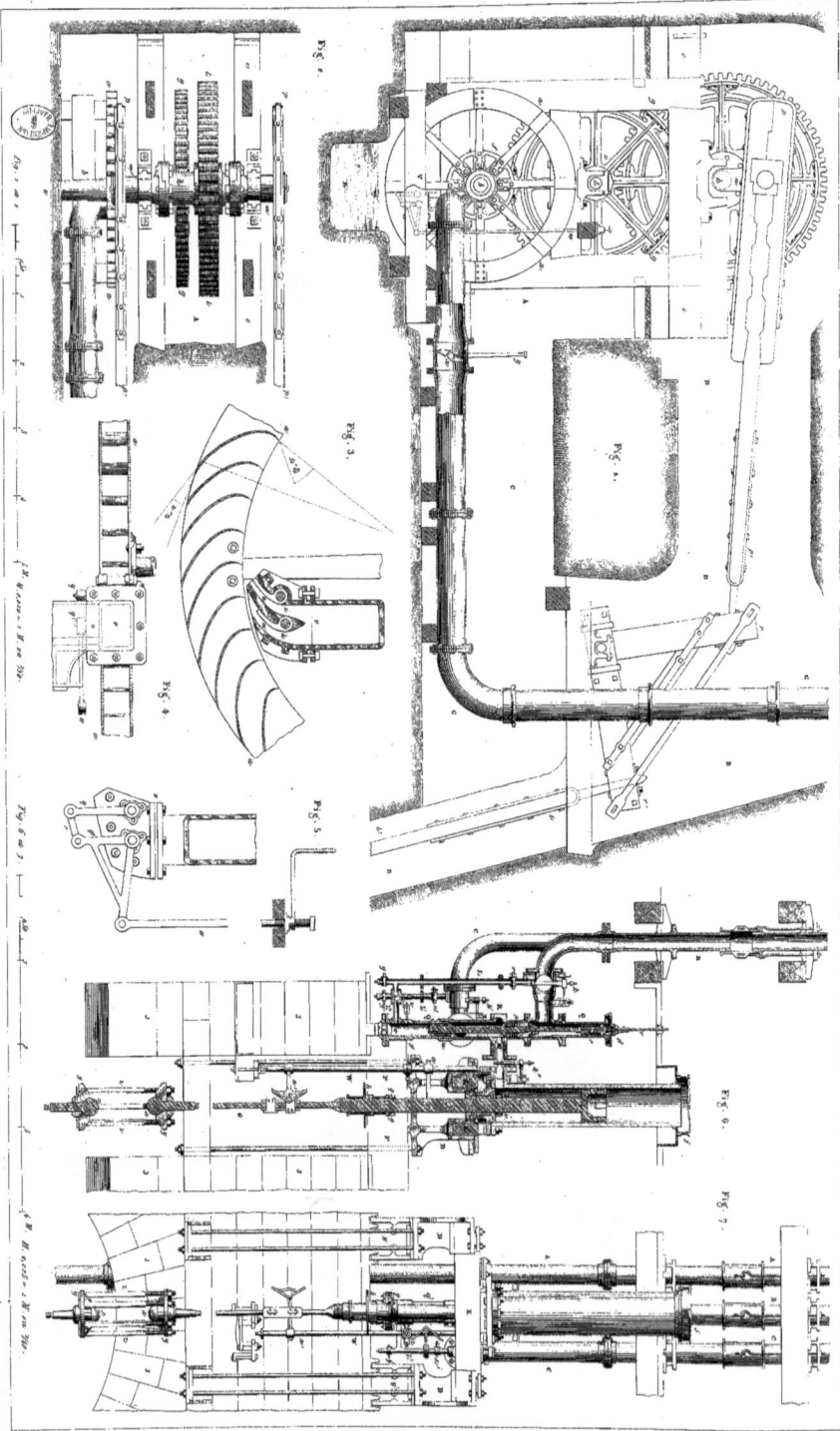

TURBINE; HYDRAULIC COLUMN ENGINE.

TURBINE; MACHINE A COLONNE D'EAU.

TURBINEN GEZEUG; WASSERSAEULEN MASCHINE.

Fig. 1. Fig. 2. Fig. 3. Fig. 4. Fig. 5. Fig. 6 & 7. Fig. 8. Fig. 9.

Publié à Liége, Éditeur à Liége.

Pl. LXIV.

Pl. LXXIV.

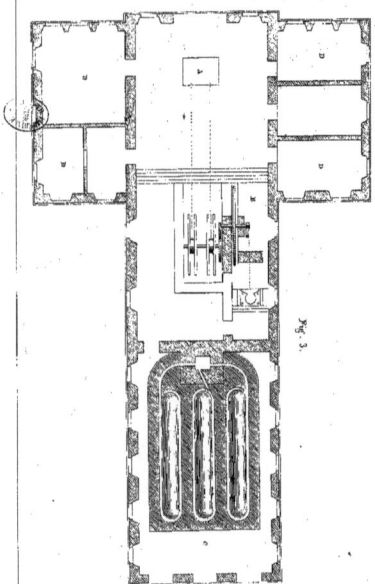
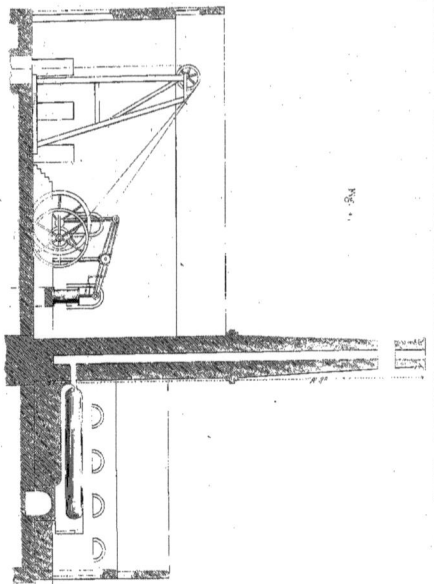

NECESSARY ERECTIONS AT THE PIT MOUTH; COMPASS.

BATIMENS D'UNE MINE DE HOUILLE; BOUSSOLES.

Pl. LXXV.

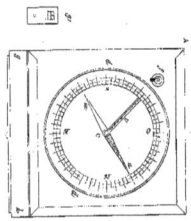
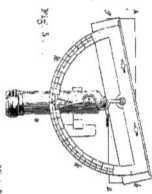
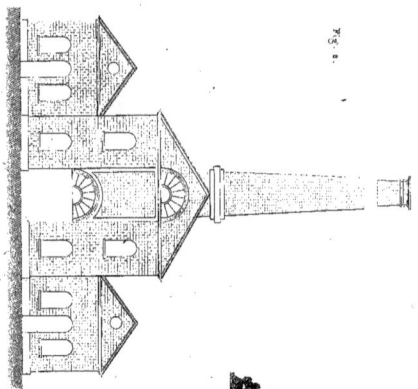

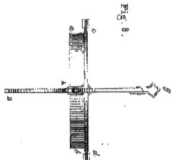
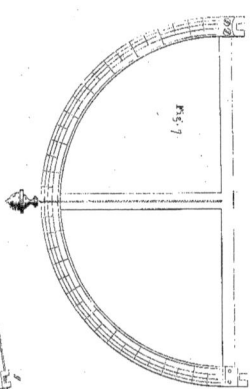
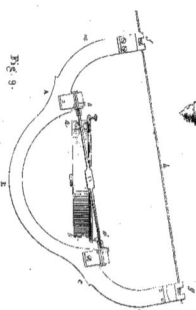
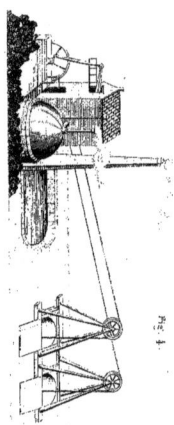

GRUBEN GEBÄUDE; MARKSCHEIDER COMPAS.

Pl. LXXV.

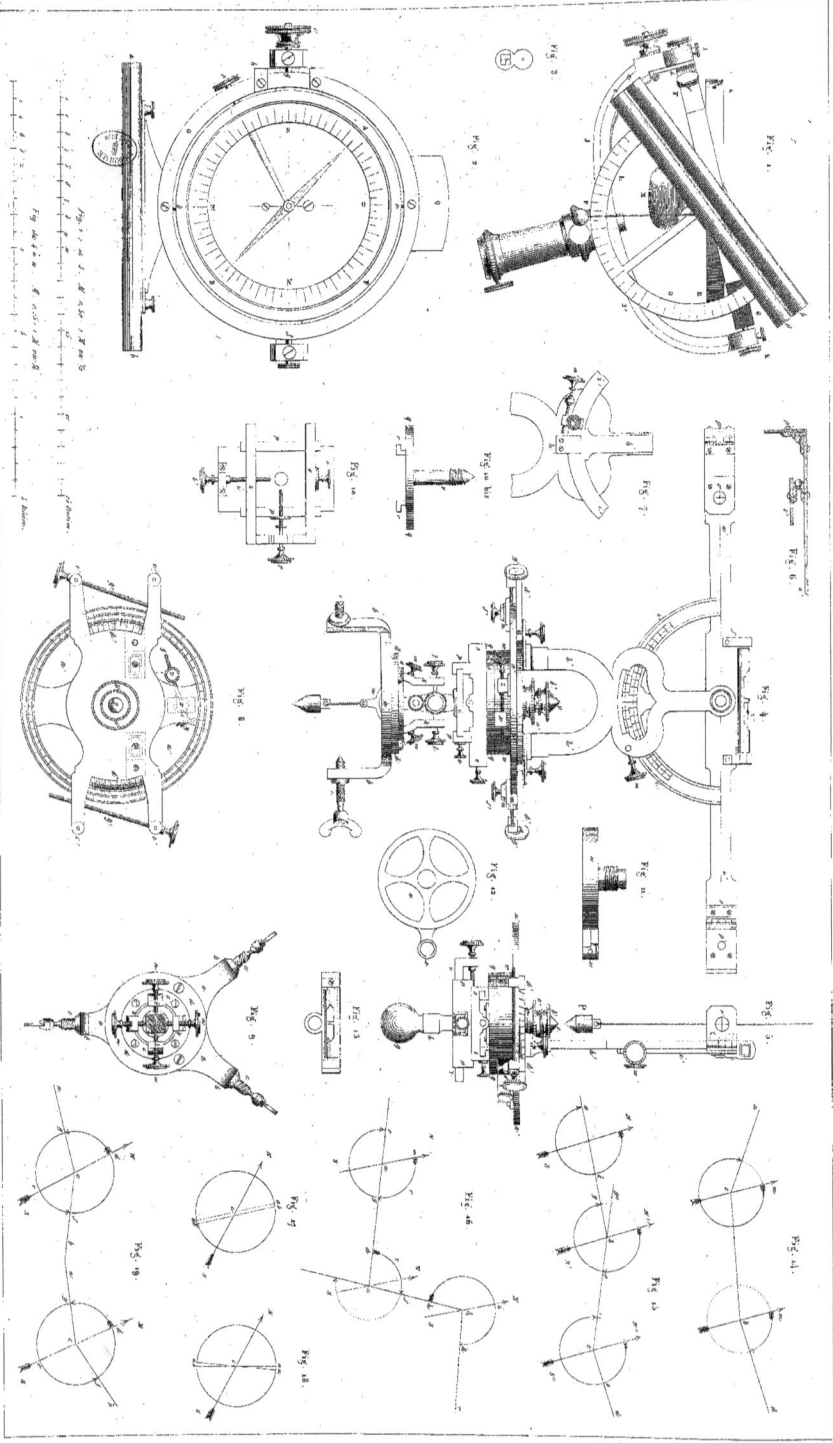

BOUSSOLE A SUSPENSION DE CARDAN; GRAPHOMÈTRE SOUTERRAIN.

SUSPENDED COMPASS UPON CARDAN'S PRINCIPLE; GRAPHOMETER.

COMPAS MIT CARDAN'SCHE AUFSTELLUNG; BERGGRAPHOMETER.

Pl. LXXVI.

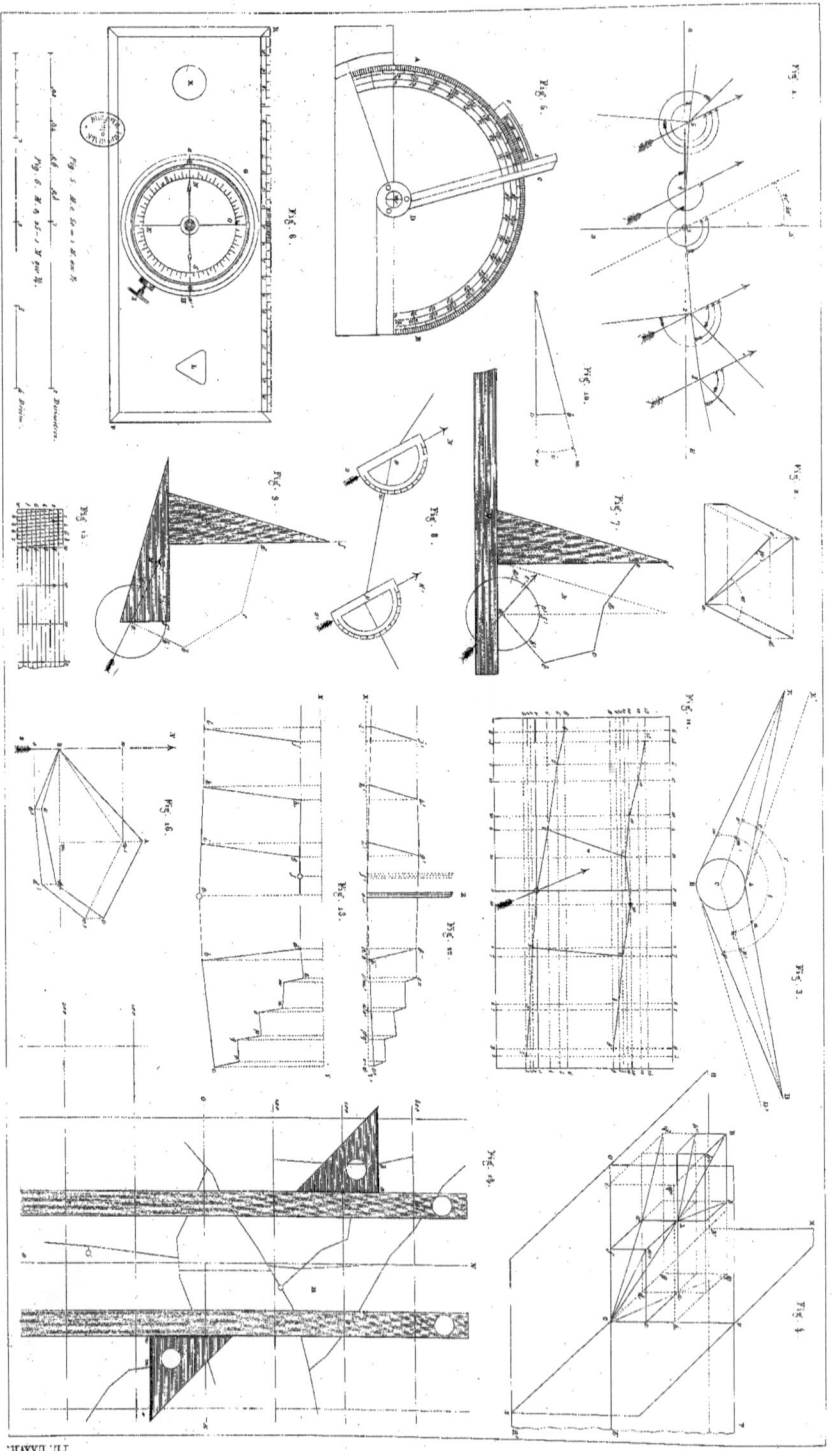

METHOD OF MAKING PLANS AND OF CONDUCTING UNDERGROUND DRIFTS.

ANFERTIGUNG DER GRUBENRISSEN; DURCHLAGS AUFGABEN.

Fig. 1.
Fig. 2.
Fig. 3.
Fig. 4.
Fig. 5.
Fig. 6.
Fig. 7.
Fig. 8.
Fig. 9.
Fig. 10.
Fig. 11.
Fig. 12.
Fig. 13.
Fig. 14.
Fig. 15.
Fig. 16.

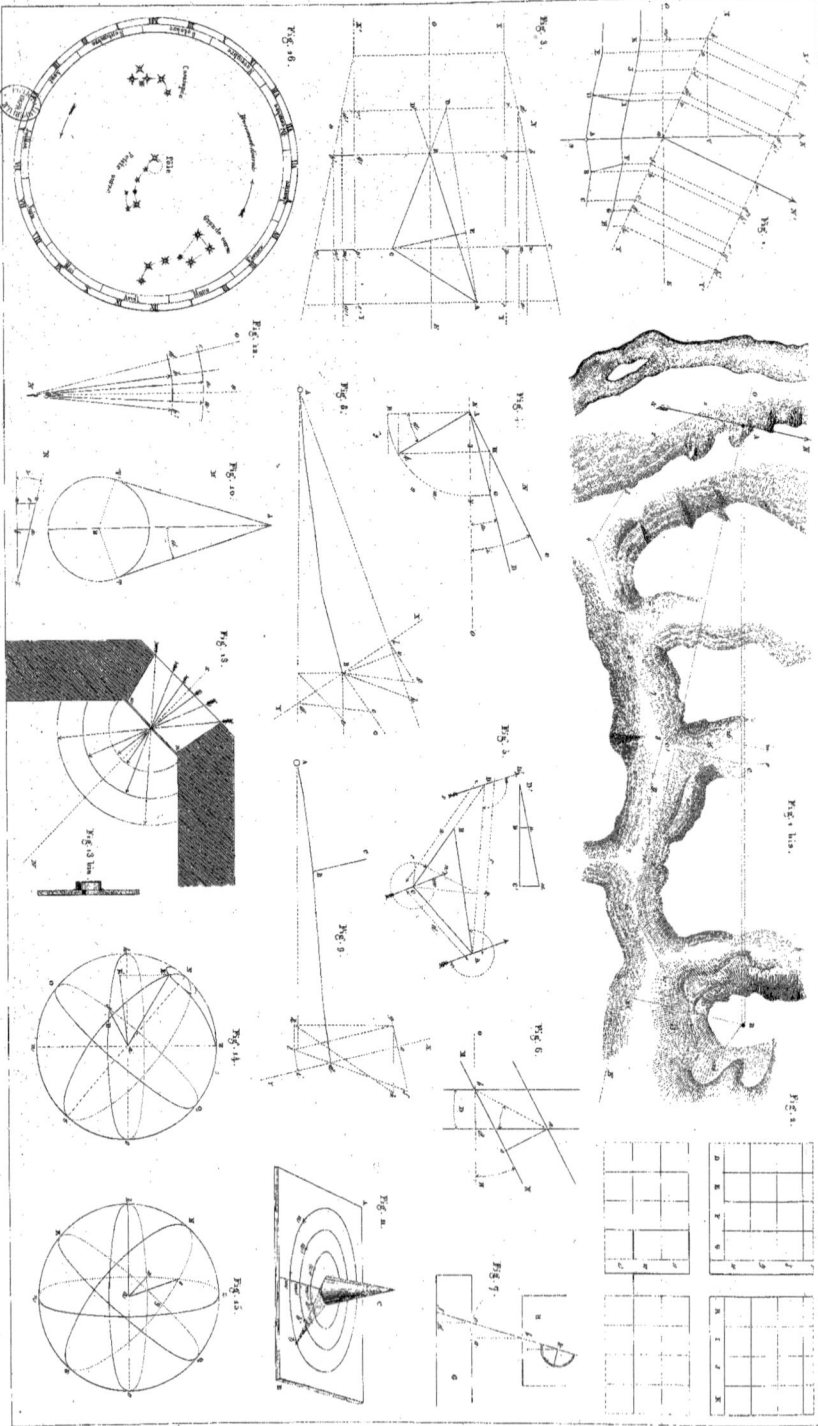

PROBLÈMES RELATIFS AUX MINES; TRACÉ D'UNE MÉRIDIENNE.

PL. LXXVIII.

MATHEMATICAL FORMULA APPLICABLE TO MINING; TAKING A MERIDIAN.

AUFGABEN GRUBEN BETREFFEND; MERIDIAN BESTIMUNG.

Fig. 1. Fig. 2. Fig. 3. Fig. 4. Fig. 5. Fig. 6. Fig. 7. Fig. 8. Fig. 9. Fig. 10. Fig. 11. Fig. 12. Fig. 13. Fig. 14. Fig. 15.

Pl. LXXVIII.

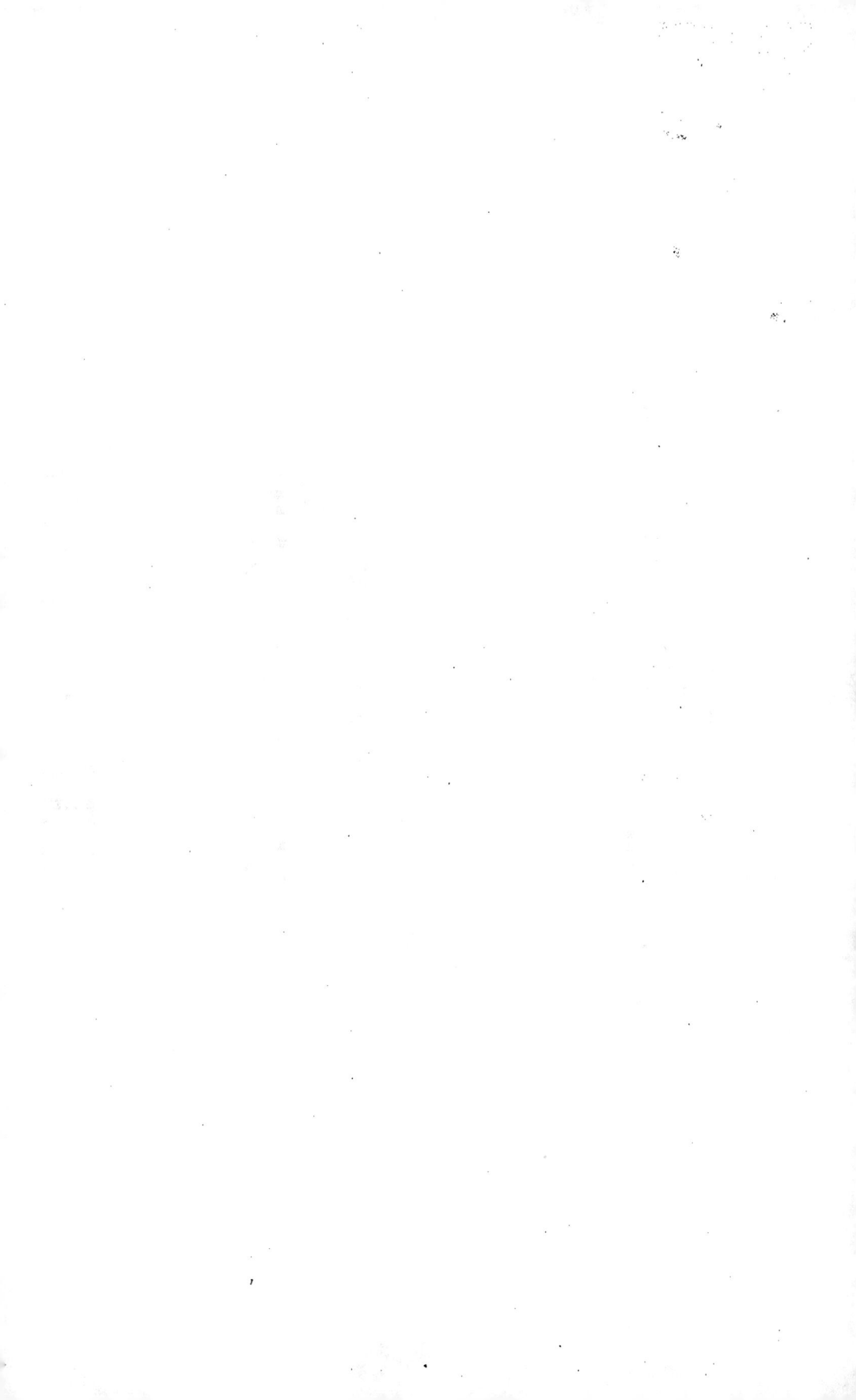

SUPPLÉMENT

AU

TRAITÉ DE L'EXPLOITATION

DES

MINES DE HOUILLE

PAR

A.-T. PONSON

INGÉNIEUR CIVIL DES MINES.

ATLAS.

Édité par Jules PONSON, à Liège

7, QUAI DE FRAGNÉE, 7.

LIÈGE
ALFRED FAUST, IMPRIMEUR-ÉDITEUR
9, rue Sœurs-de-Hasque, 9.

1867.

PARIS.
J. BAUDRY, ÉDITEUR, 15, RUE DES S˟-PÈRES.
Même maison à Liège.

Pl. 1.

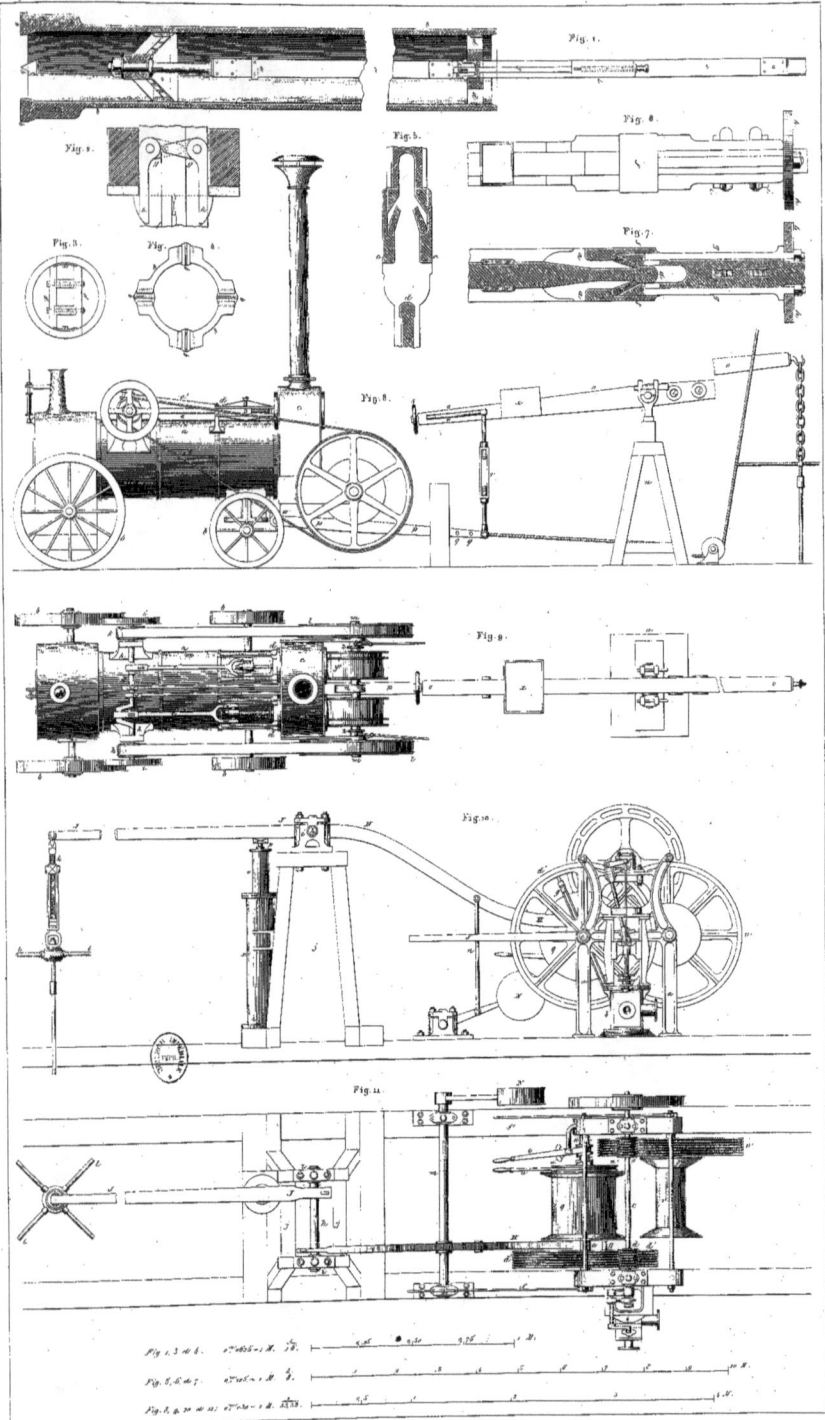

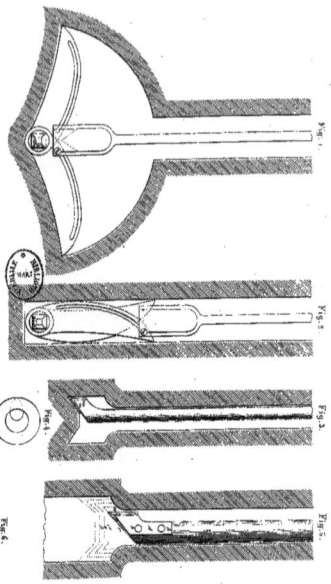

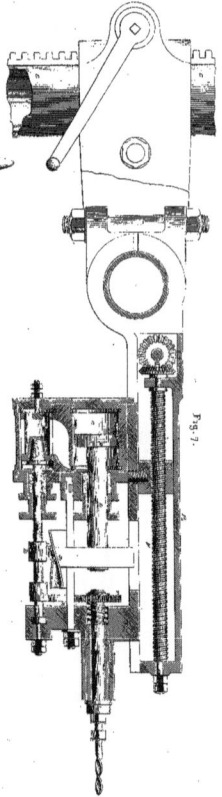

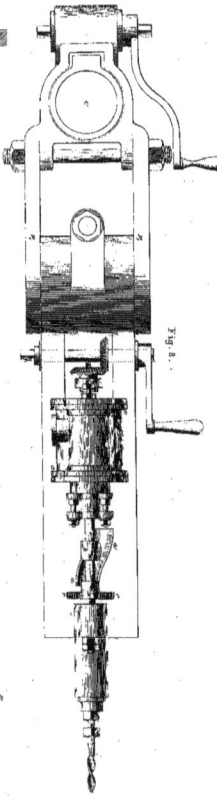

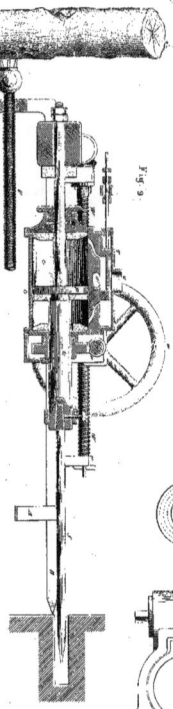

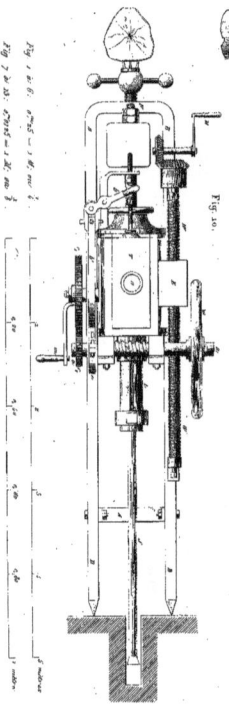

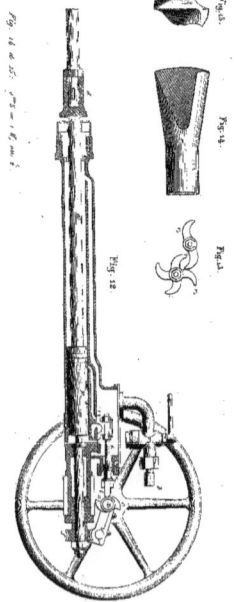

BORING MACHINES BY PERCUSSION.

SCHLAGBOHRMASCHINEN.

Fig. 1.

Fig. 2.

Fig. 3.

Fig. 4.

Fig. 5.

Fig. 6.

Fig. 7.

Fig. 8.

Fig. 9.

Fig. 10.

Fig. 11.

Fig. 12.

Fig. 13.

Fig. 14.

Fig. 15.

Fig. 16.

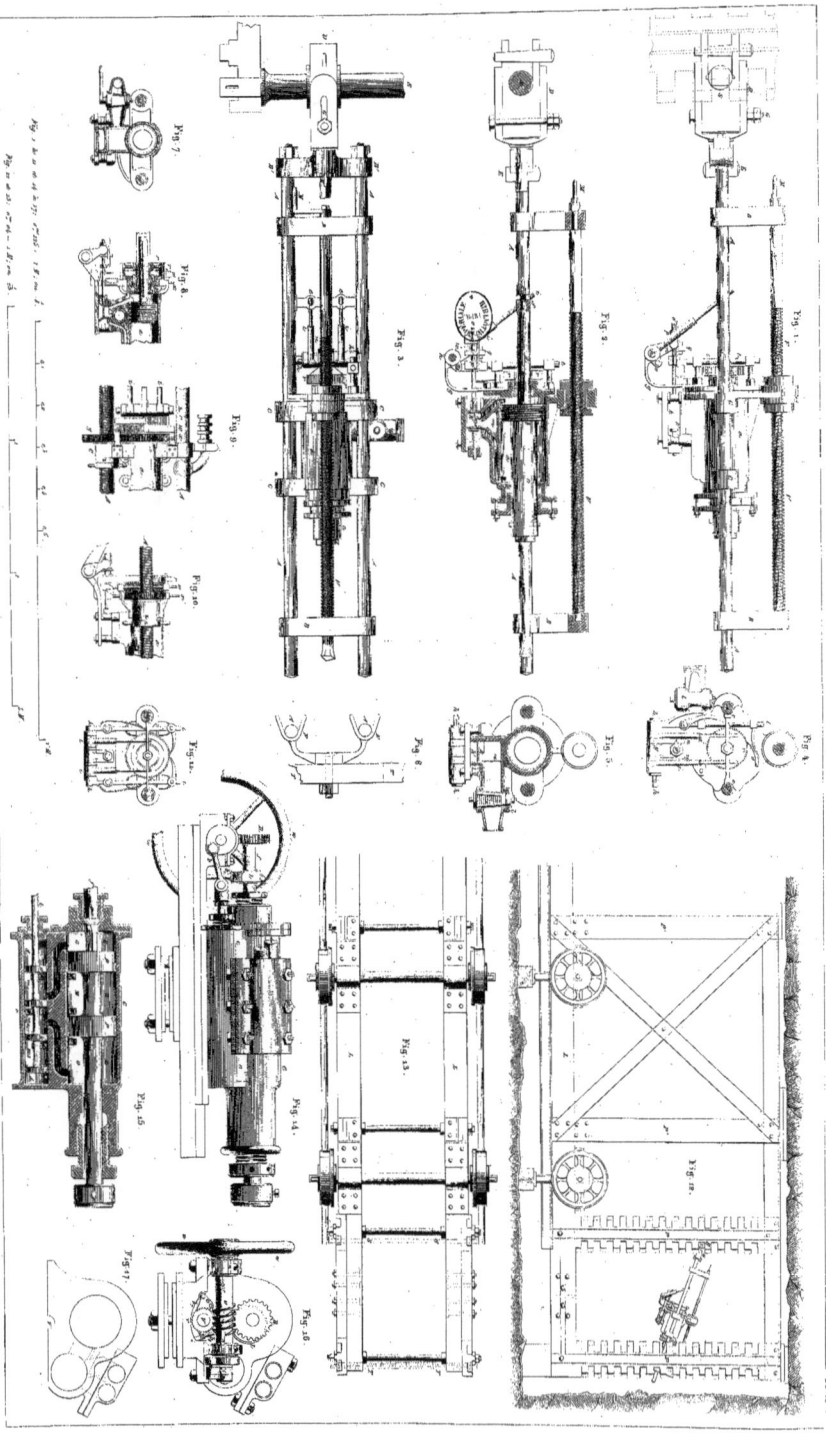

PERFORATEURS A PERCUSSION.

PL. III.

Fig. 7.

Fig. 8.

Fig. 9.

Fig. 10.

Fig. 11.

Fig. 3.

Fig. 2.

Fig. 1.

Fig. 5.

Fig. 4.

Fig. 6.

Fig. 12.

Fig. 13.

Fig. 14.

Fig. 15.

Fig. 16.

Fig. 17.

Fig. 18.

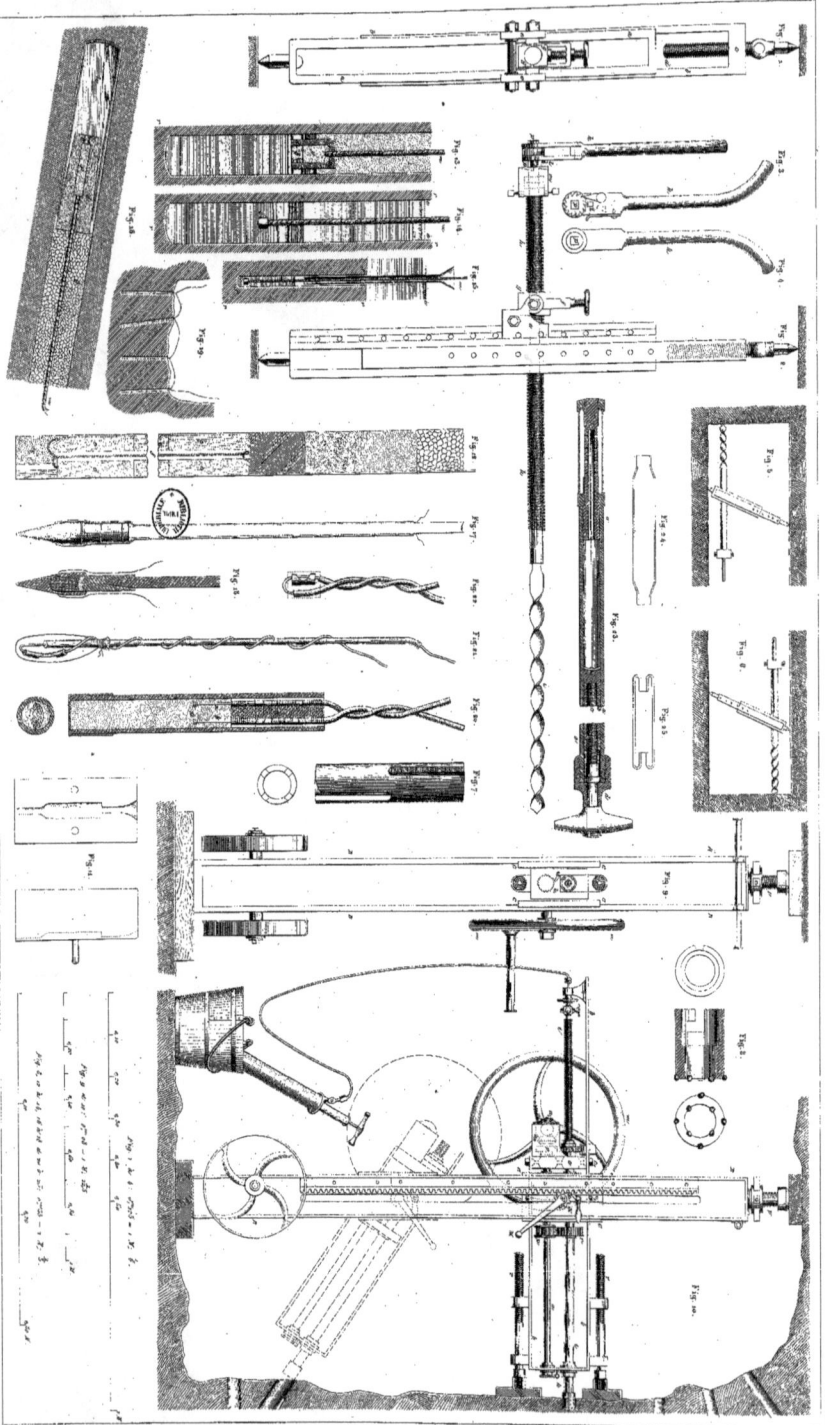

PERFORATEURS A ROTATION.

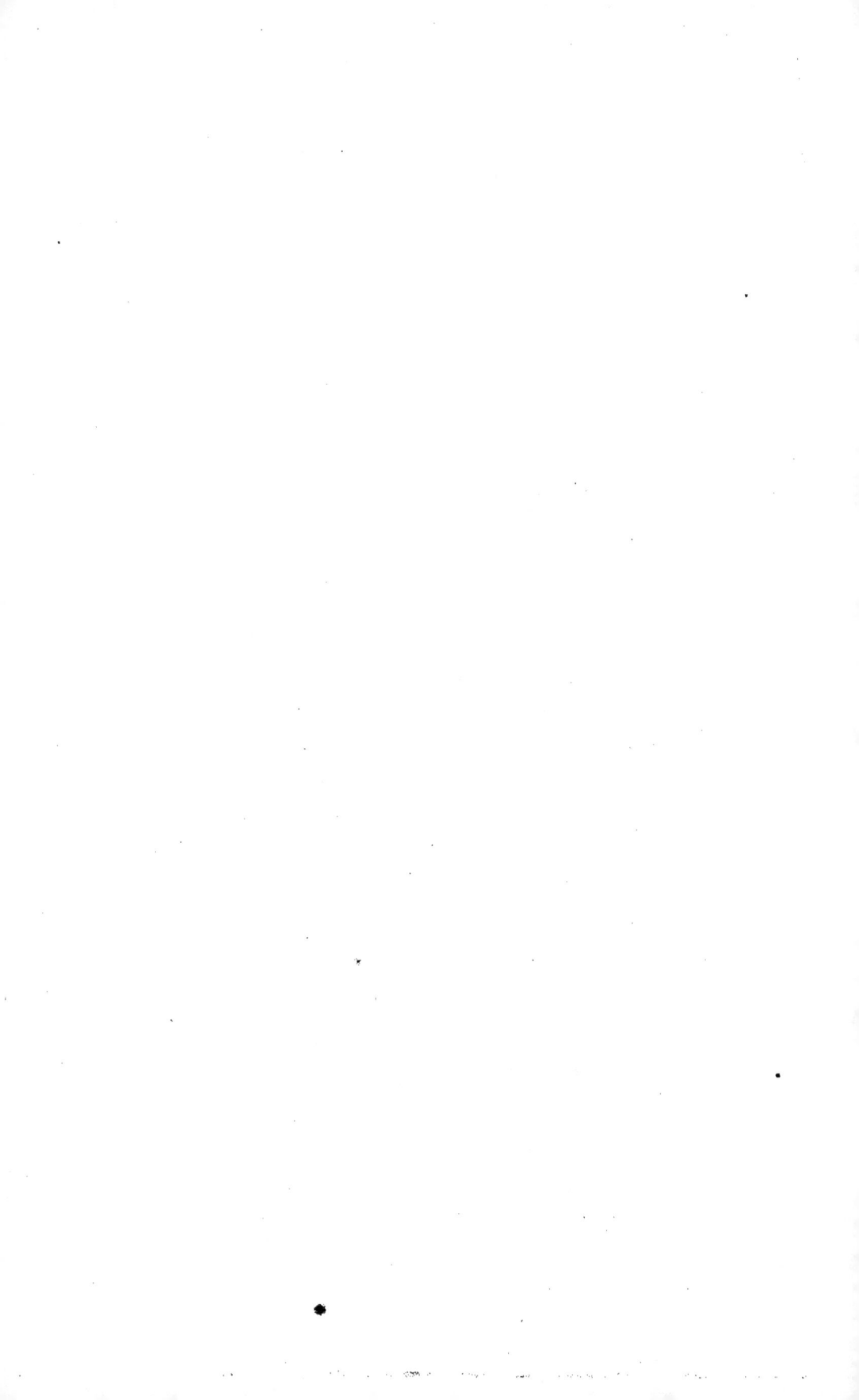

EXCAVATING APPARATUS

EXCAVATEUR MÉCANIQUE

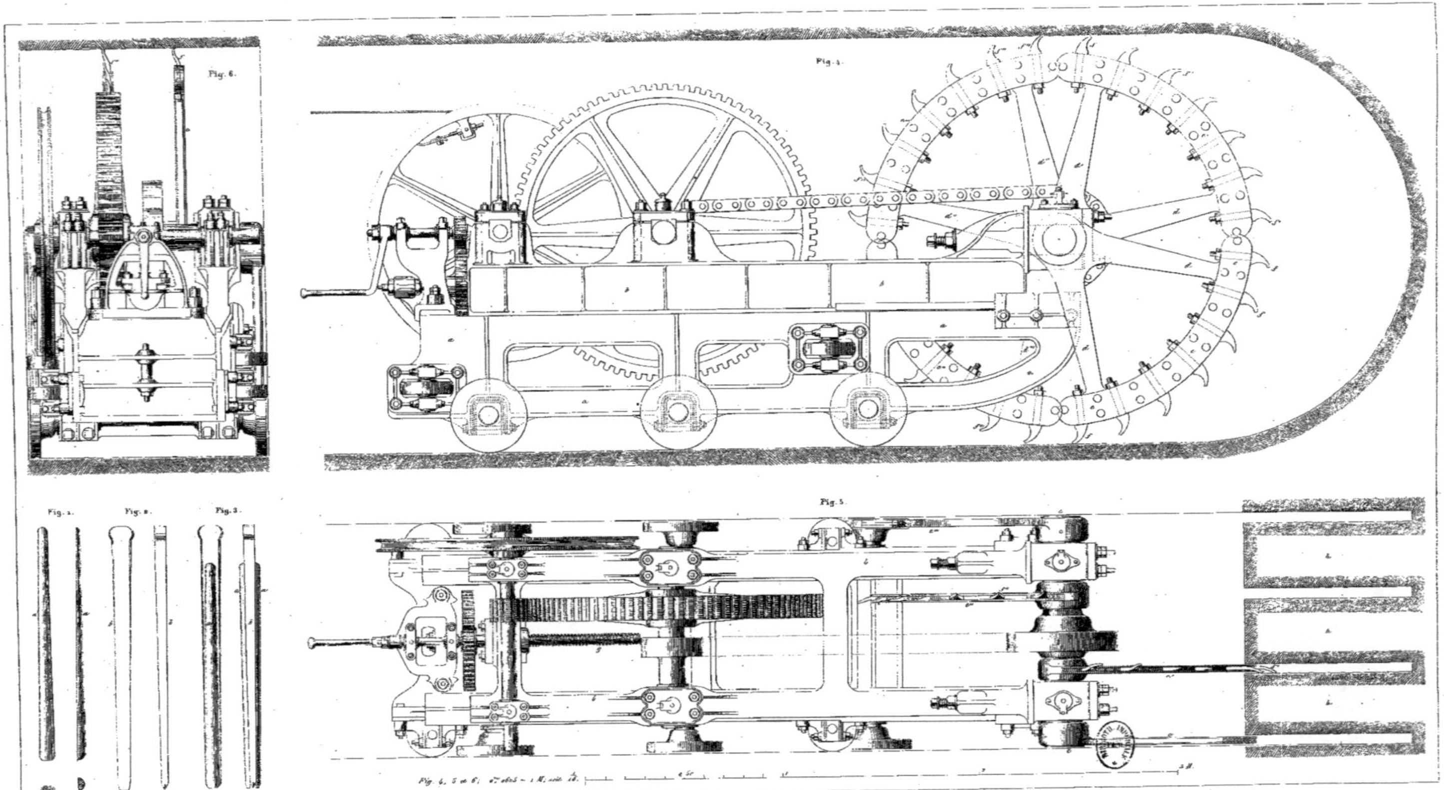

Fig. 1

Fig. 2

Fig. 3

Fig. 6

Fig. 4

Fig. 5

Fig. 1

SCHLAMMSCHÖPFER

Pl. V.

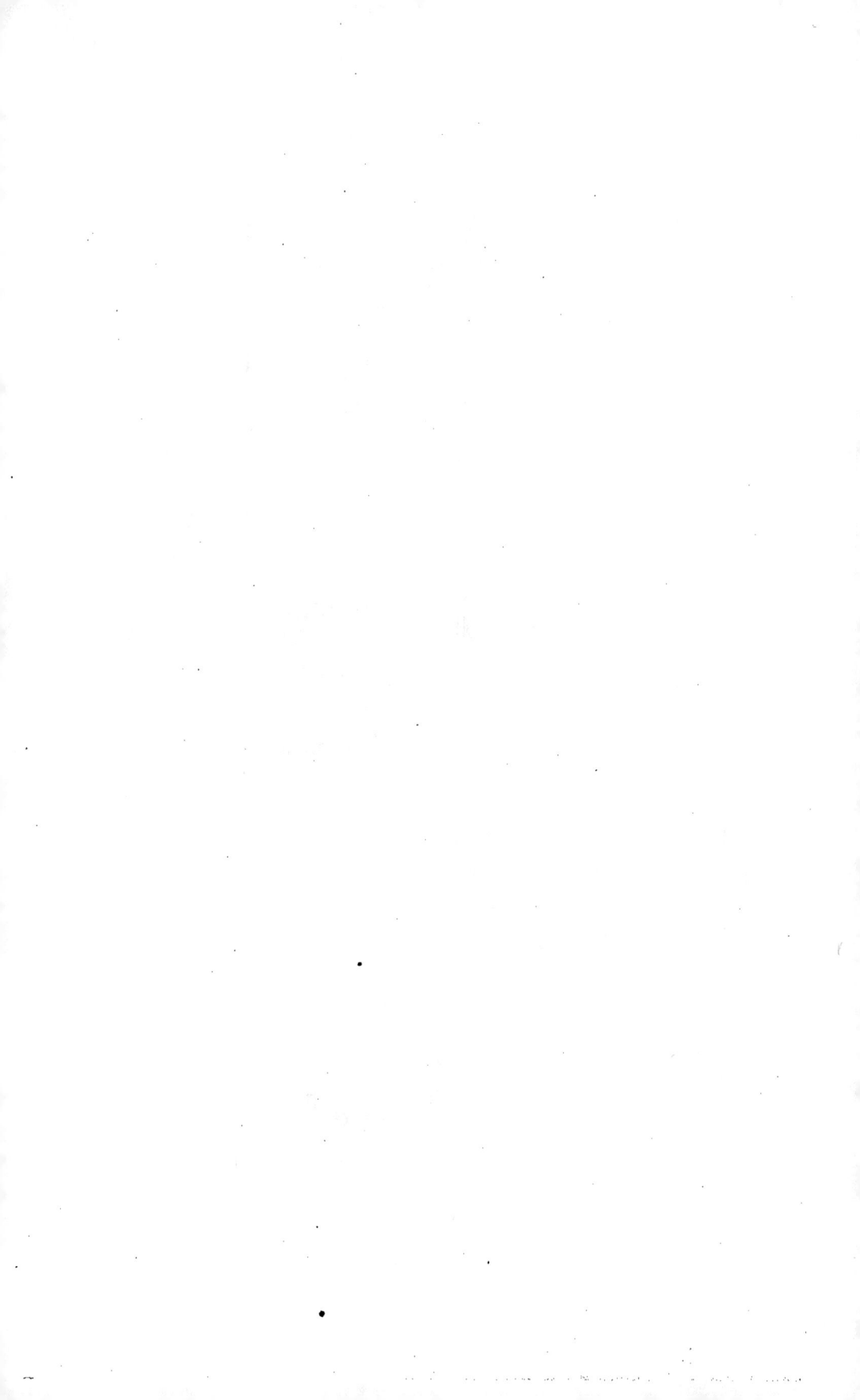

FONÇAGE SOUS STOT, CABARIT DE MURAILLEMENT.

PL. VI.

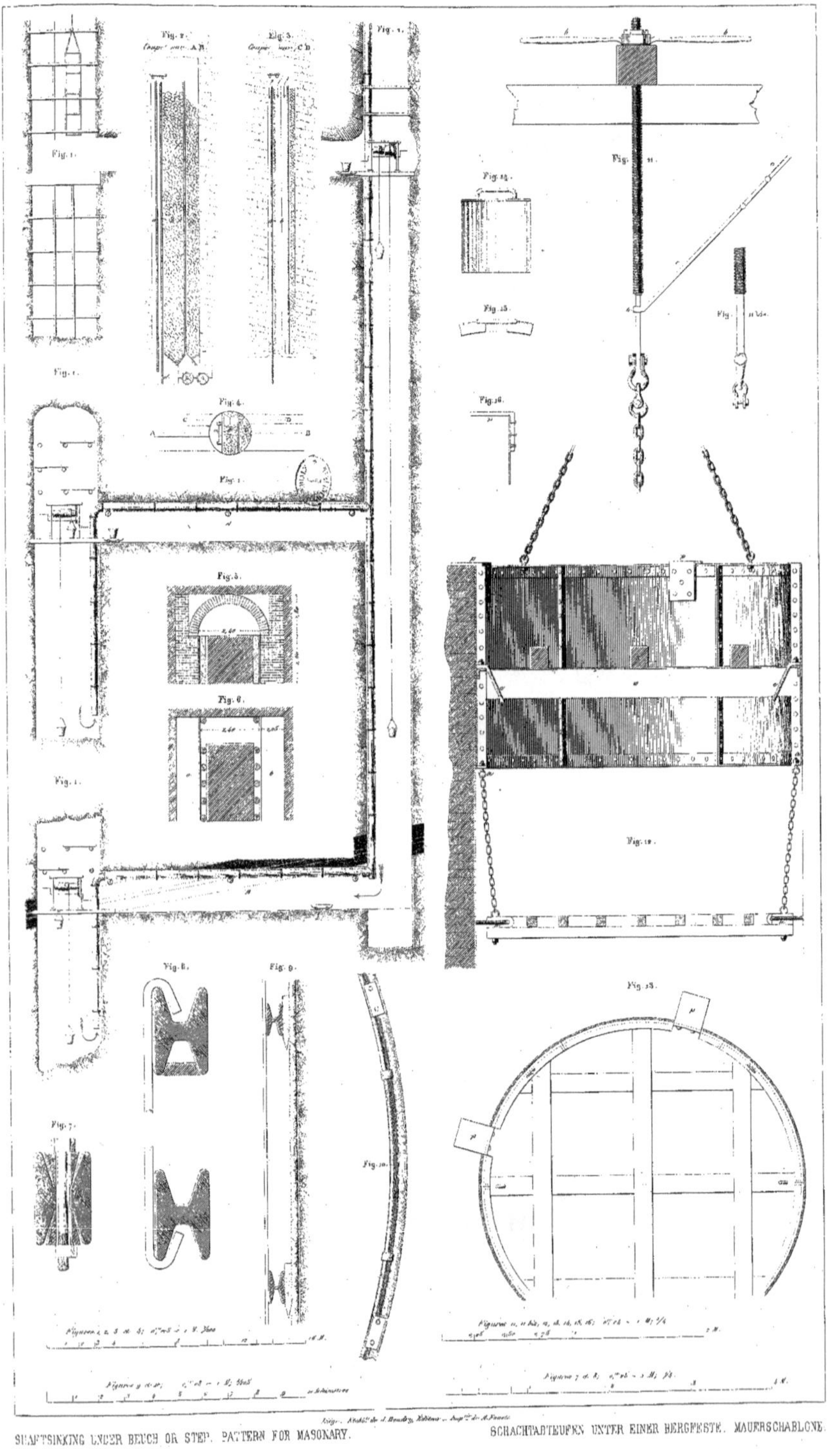

SHAFTSINKING UNDER BENCH OR STEP. PATTERN FOR MASONARY.

SCHACHTABTEUFEN UNTER EINER BERGFESTE. MAUERSCHABLONE.

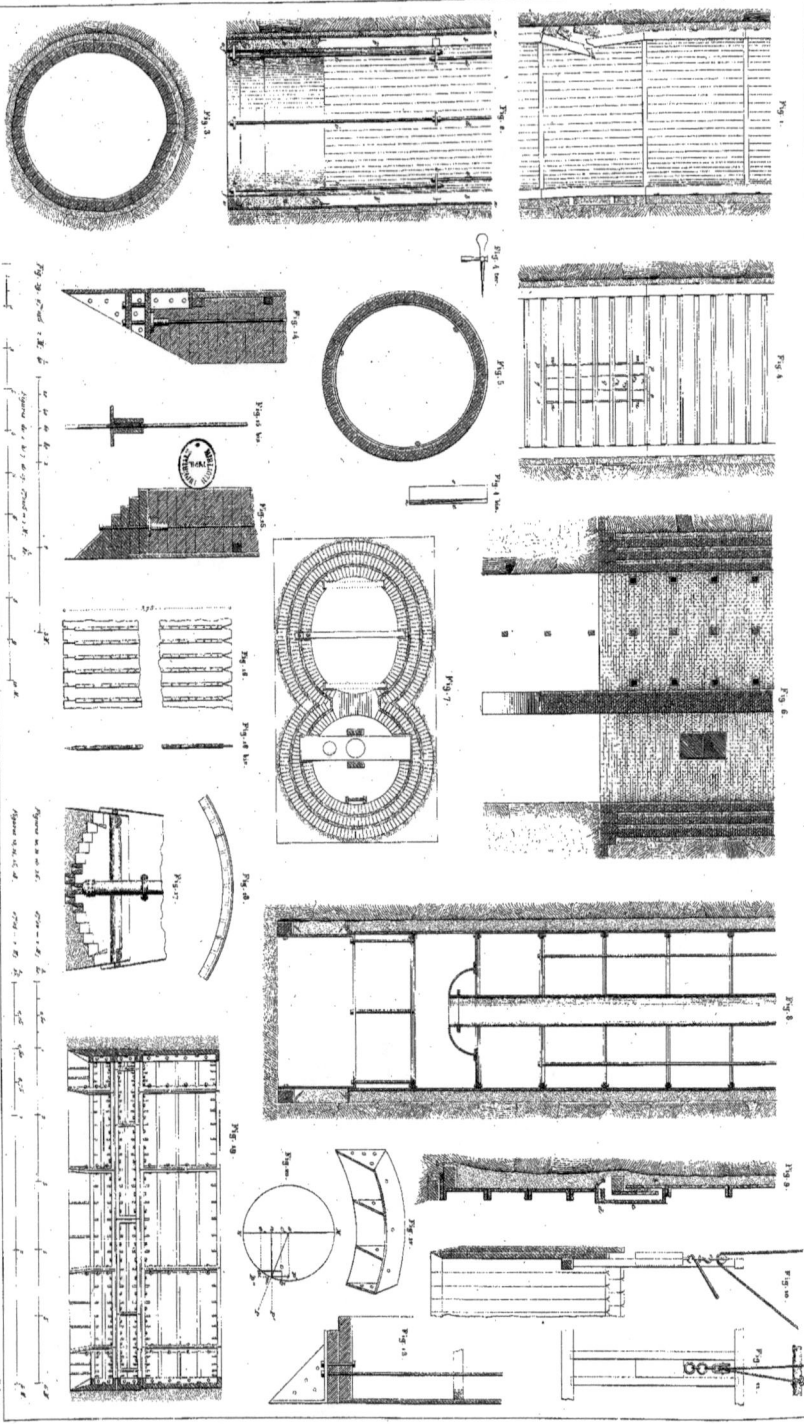

CUVELAGES EN BOIS, EN MAÇONNERIE, EN FER.

WOOD MASONRY AND CASTIRON TUBBING.

Liège, Établis. J. Boulduy, Éditeur — Imp. Par. A. Lemerie.

WASSERDICHTER AUSBAU DER SCHÄCHTE MITTELST ZIMMERUNG, MAUERUNG, EISEN.

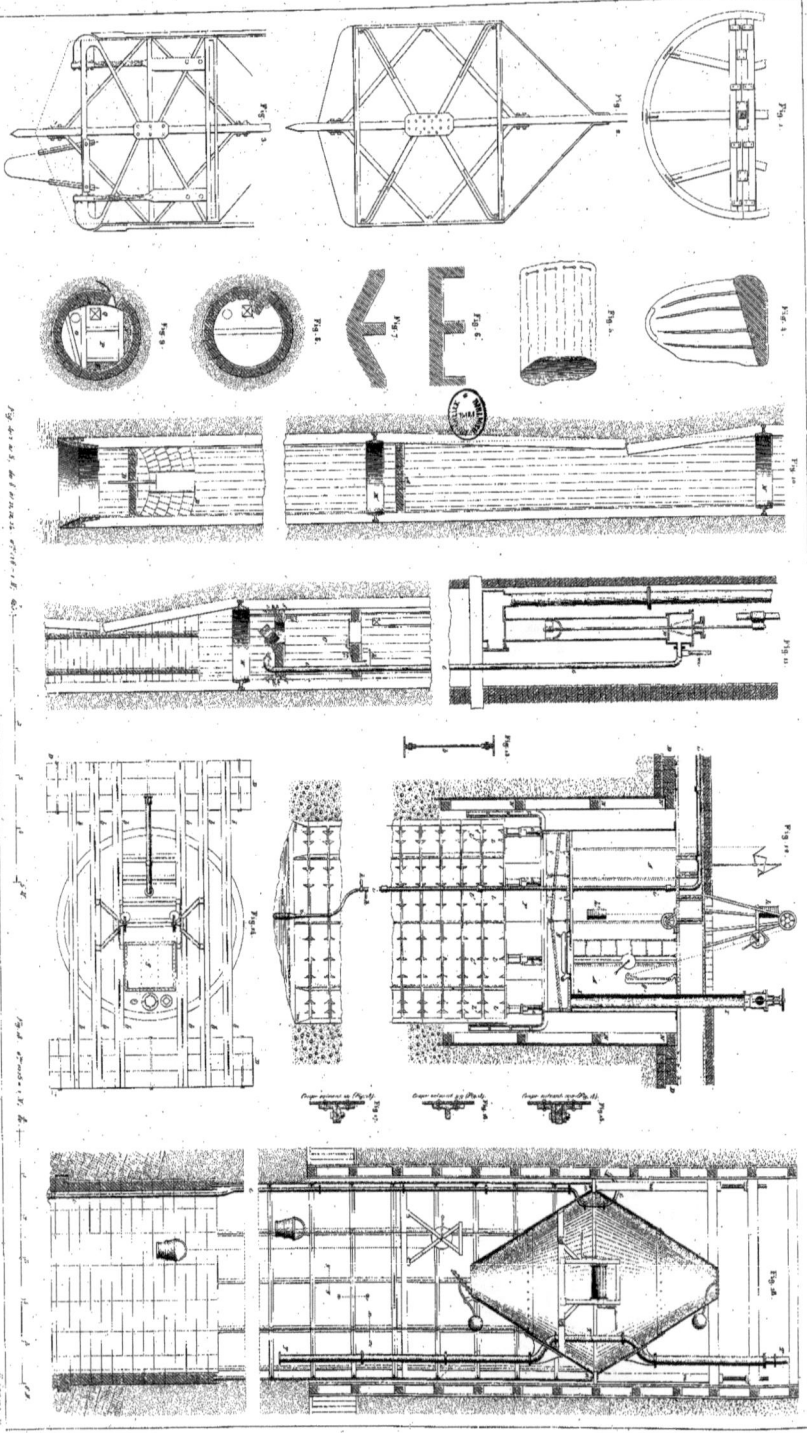

FONÇAGE A TRAVERS LES SABLES AQUIFÈRES.

PL. IX.

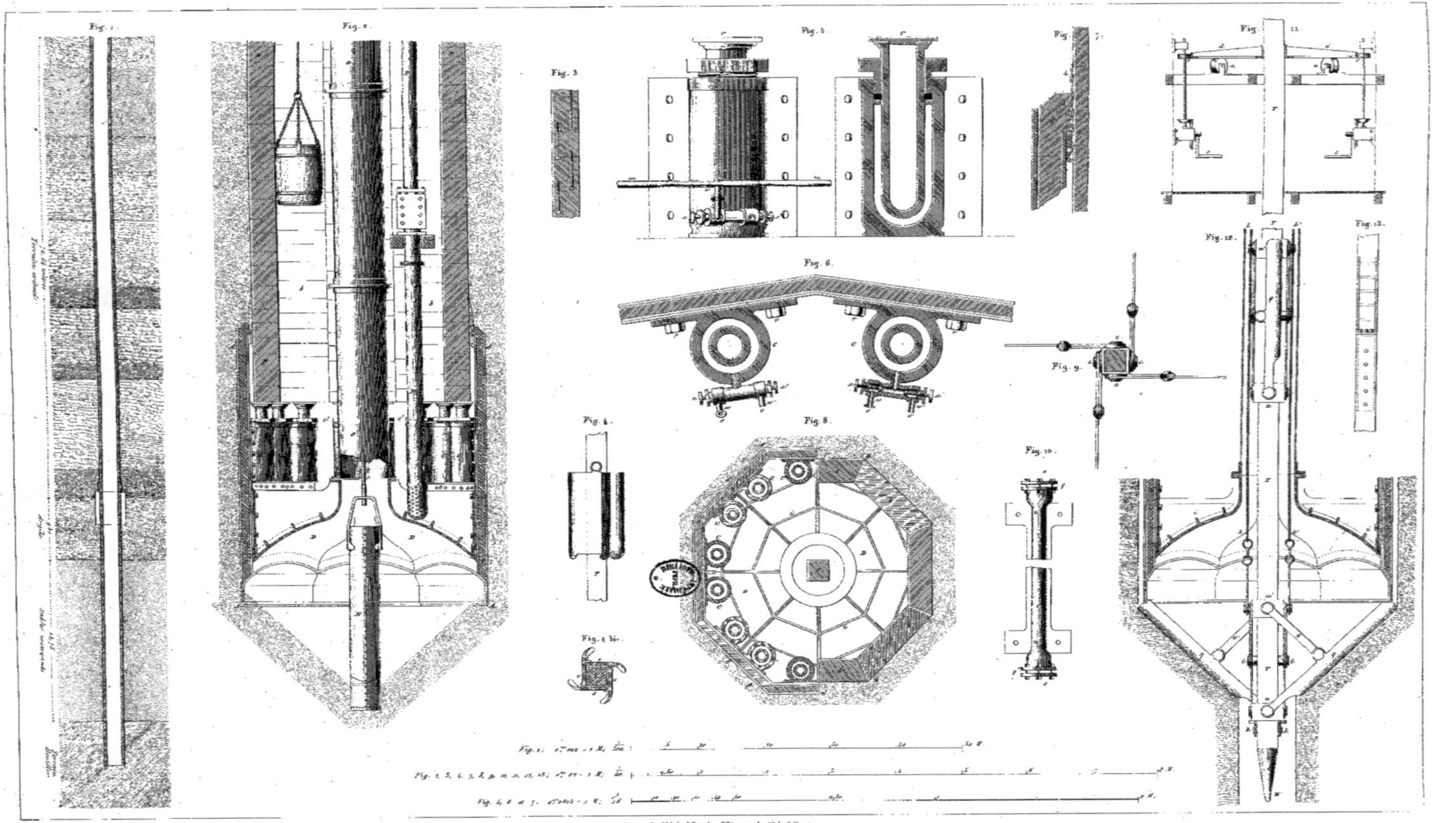

PASSAGE THROUGH BEDS OF QUICKSAND. GUIBAL'S PROCESS

ABTEUFEN IN FLIESSSANDE. GUIBAL'SCHES VERFAHREN

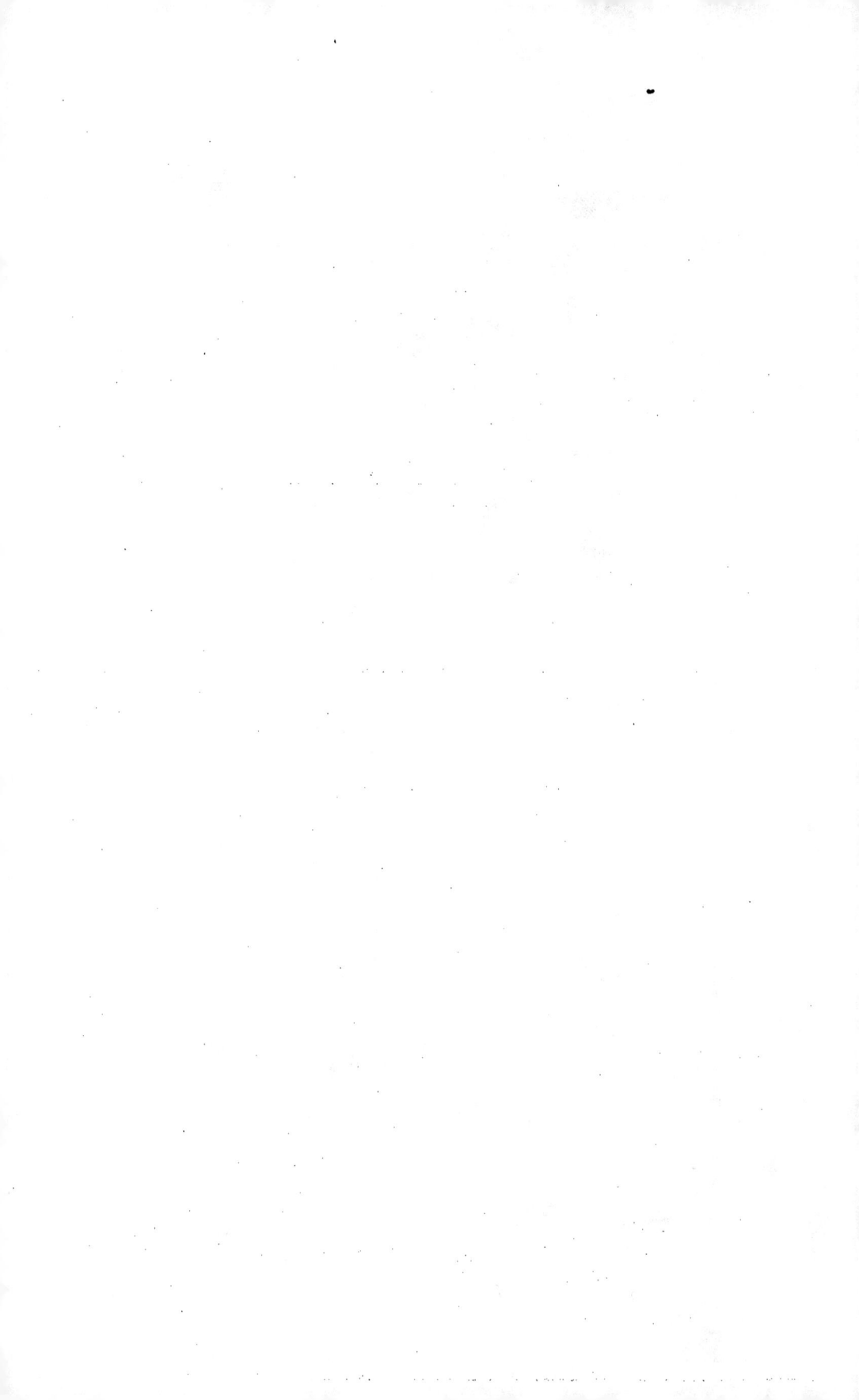

APPAREIL DE Mr GUIBAL. CHAMBRES D'ACCROCHAGE.

Pl. X.

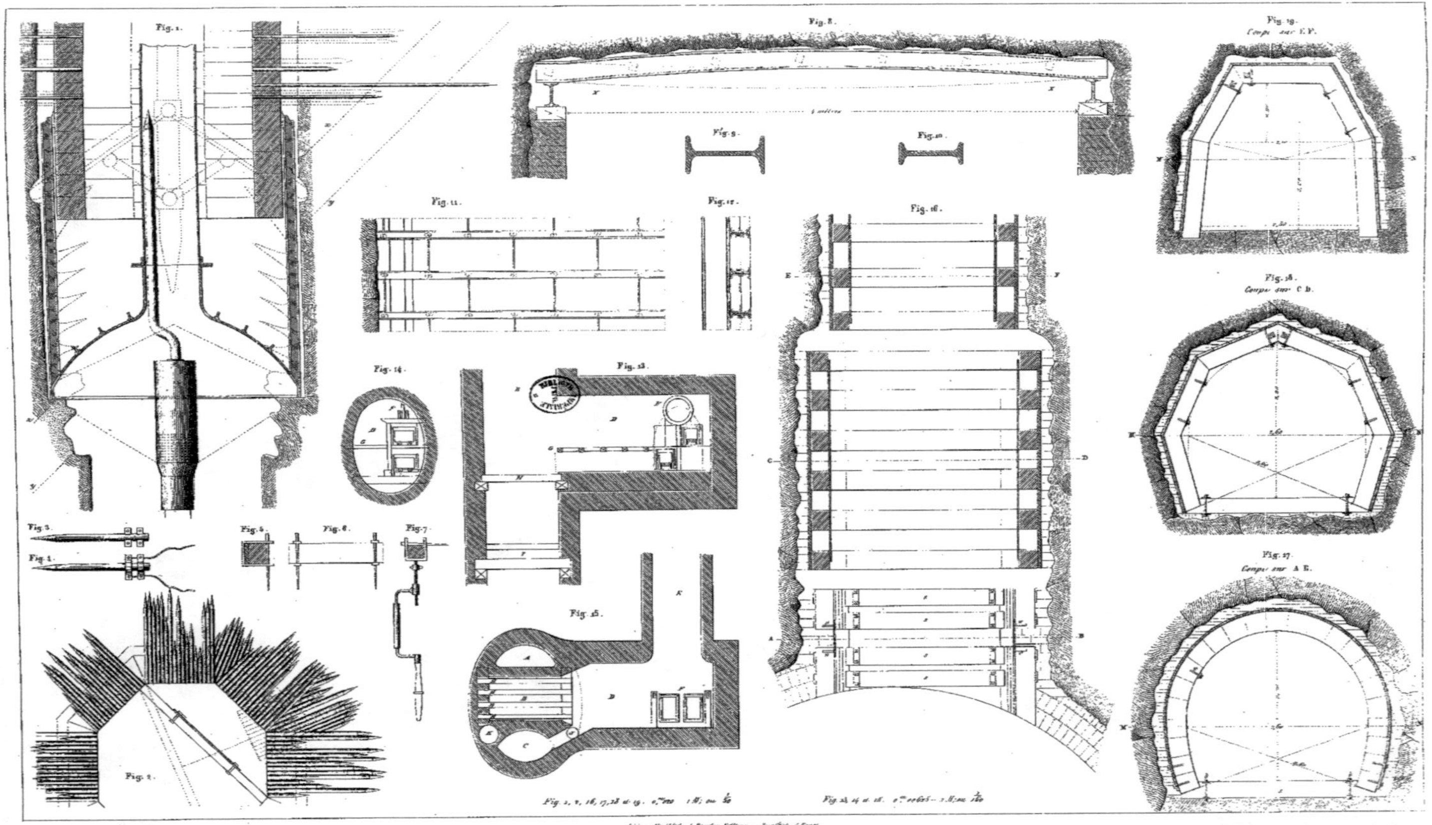

PASSAGE THROUGH BEDS OF QUICKSAND; GUIBAL'S PROCESS.-PIT EYES.

ABTEUFEN IM FLIESSSANDE; GUIBAL'SCHES VERFAHREN.-FÜLLÖRTER.

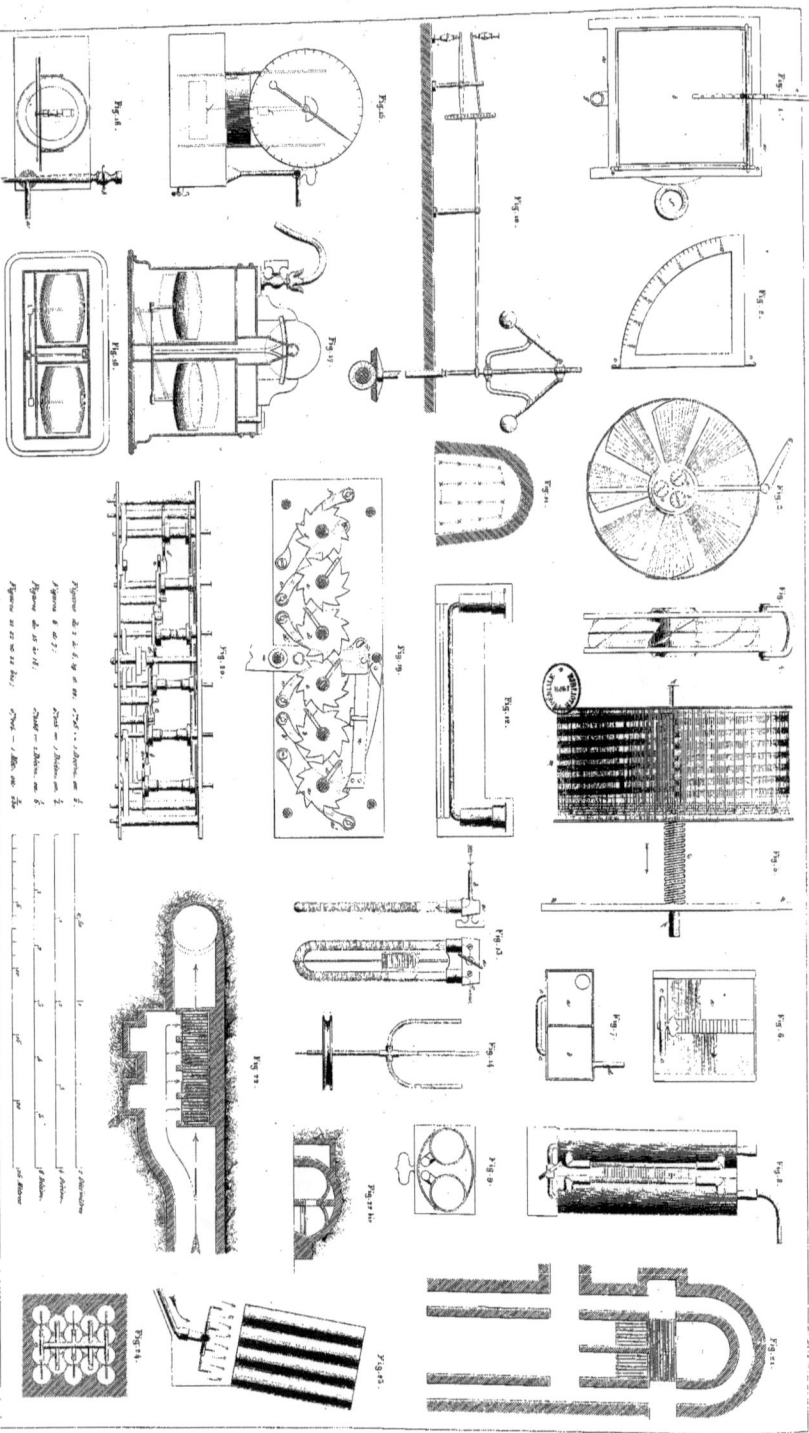

ANÉMOMÈTRE. MANOMÈTRE. FURNACES. STEAMSPOUT.

ANEMOMETER. MANOMETER. OFER.

VENTILATEUR LEMIELLE A TROIS VOLETS. (Houillère de Belle et Bonne.)

PL. XII.

Fig. 1.

Fig. 3.

Fig. 2.

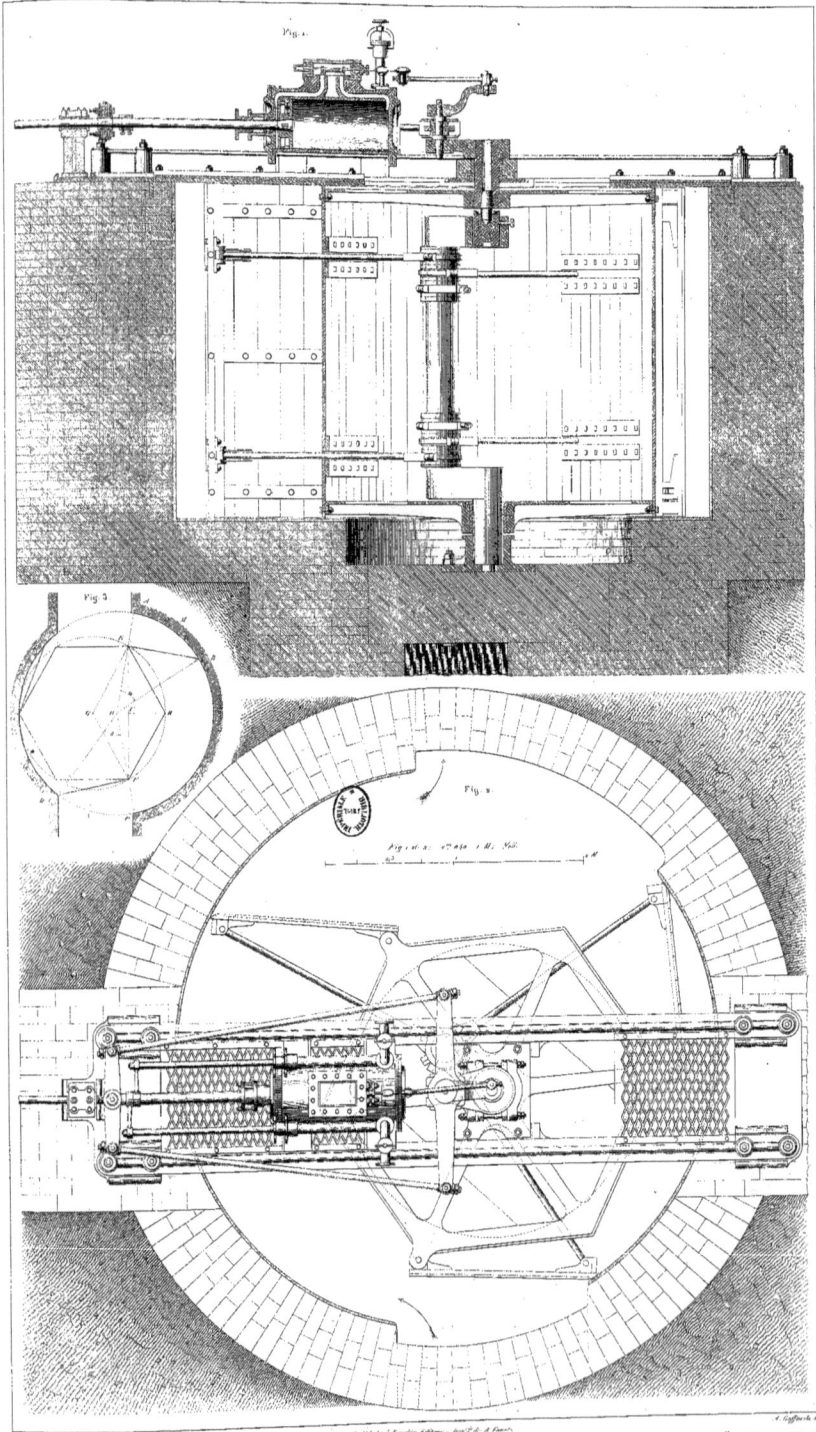

LEMIELLE'S VENTILATOR WITH THREE VANES.

LEMIELLE'SCHES DREIFLÜGELIGES WINDRAD.

VENTILATEUR FABRY

PL. XIII

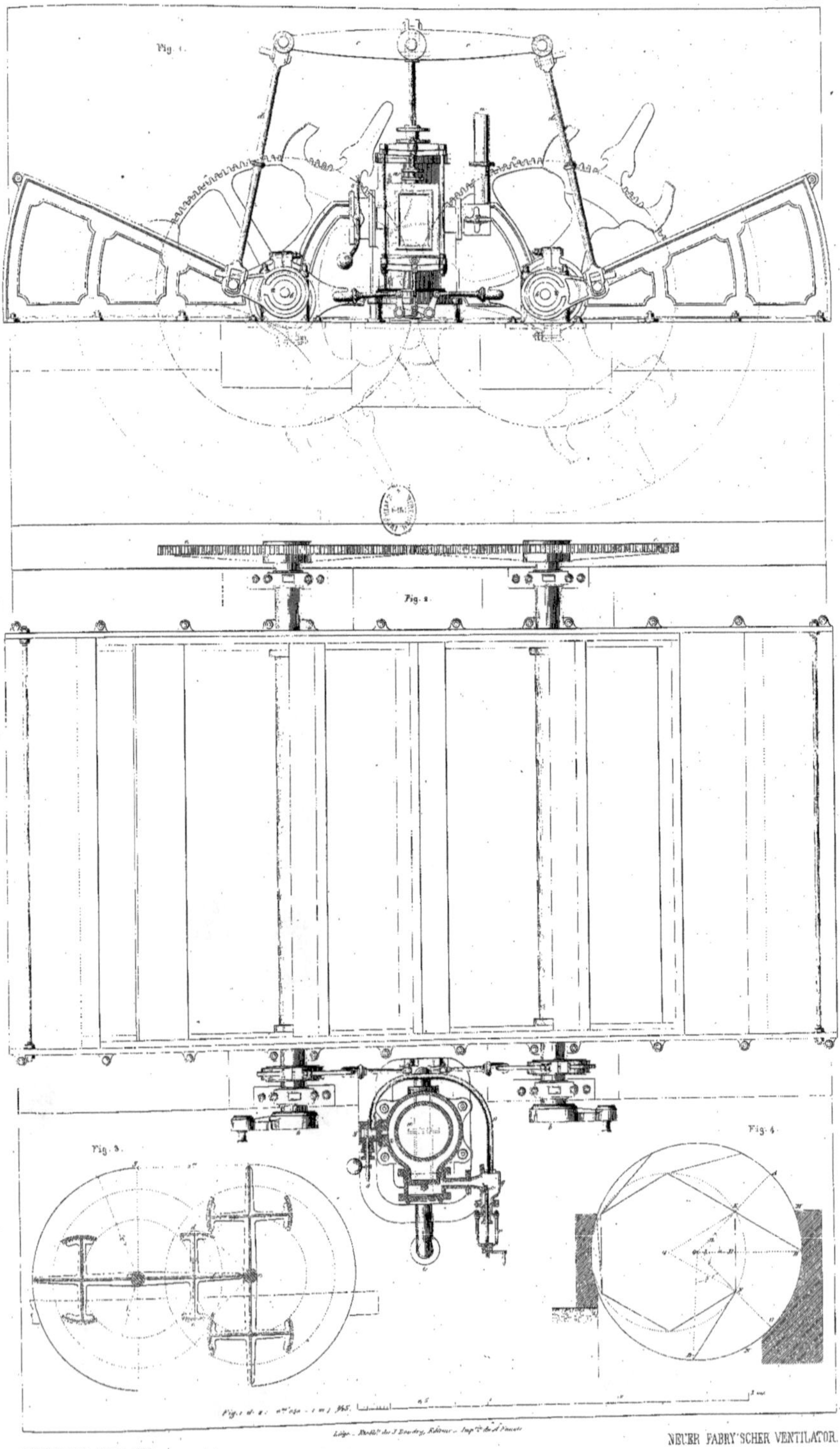
Fig. 1
Fig. 2
Fig. 3
Fig. 4

FABRY'S NEW VENTILATOR

NEUER FABRY'SCHER VENTILATOR

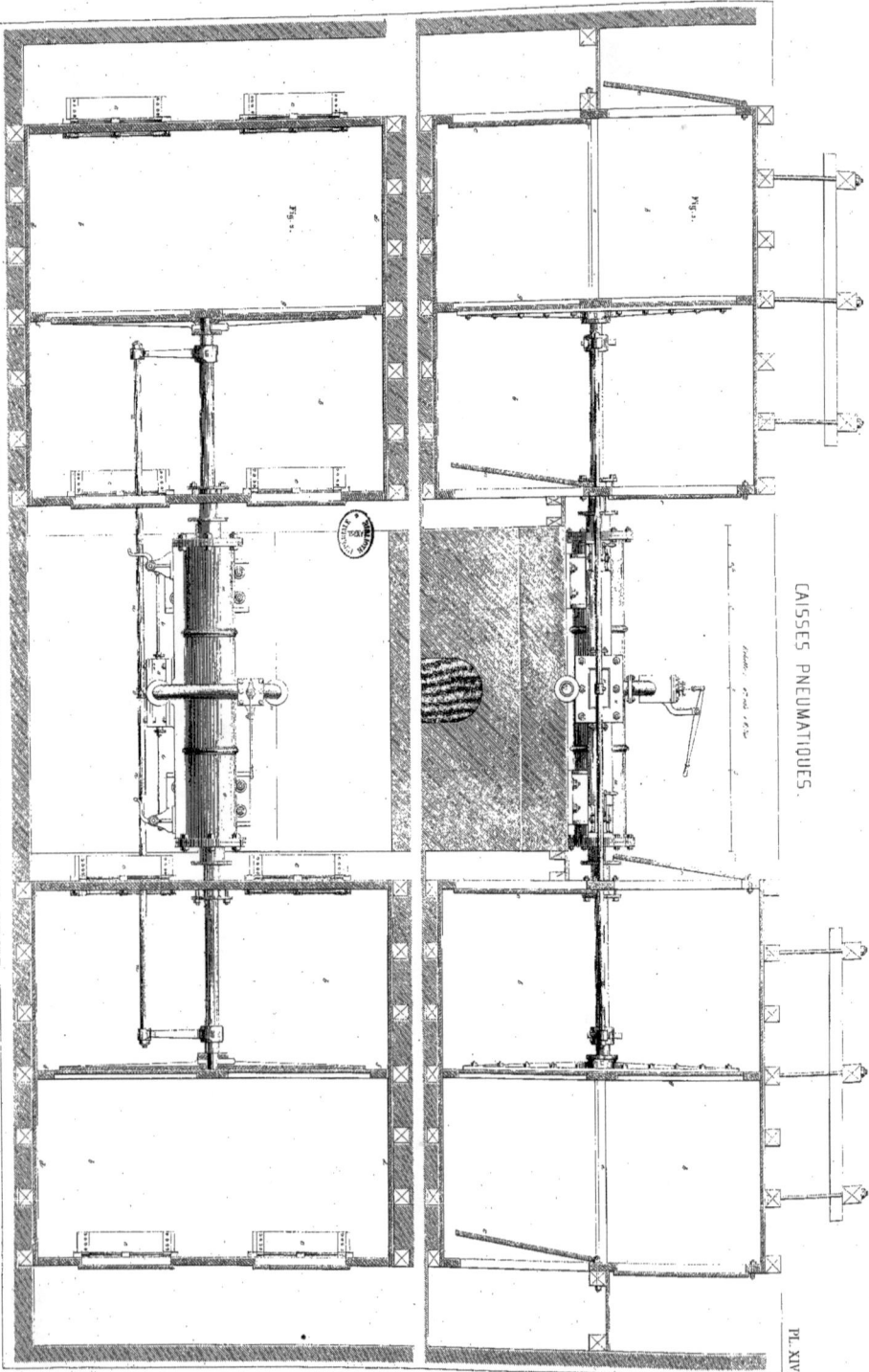

CAISSES PNEUMATIQUES.

PNEUMATIC DOCKS.

PNEUMATISCHE KASTENAPPARATE.

PL. XIV.

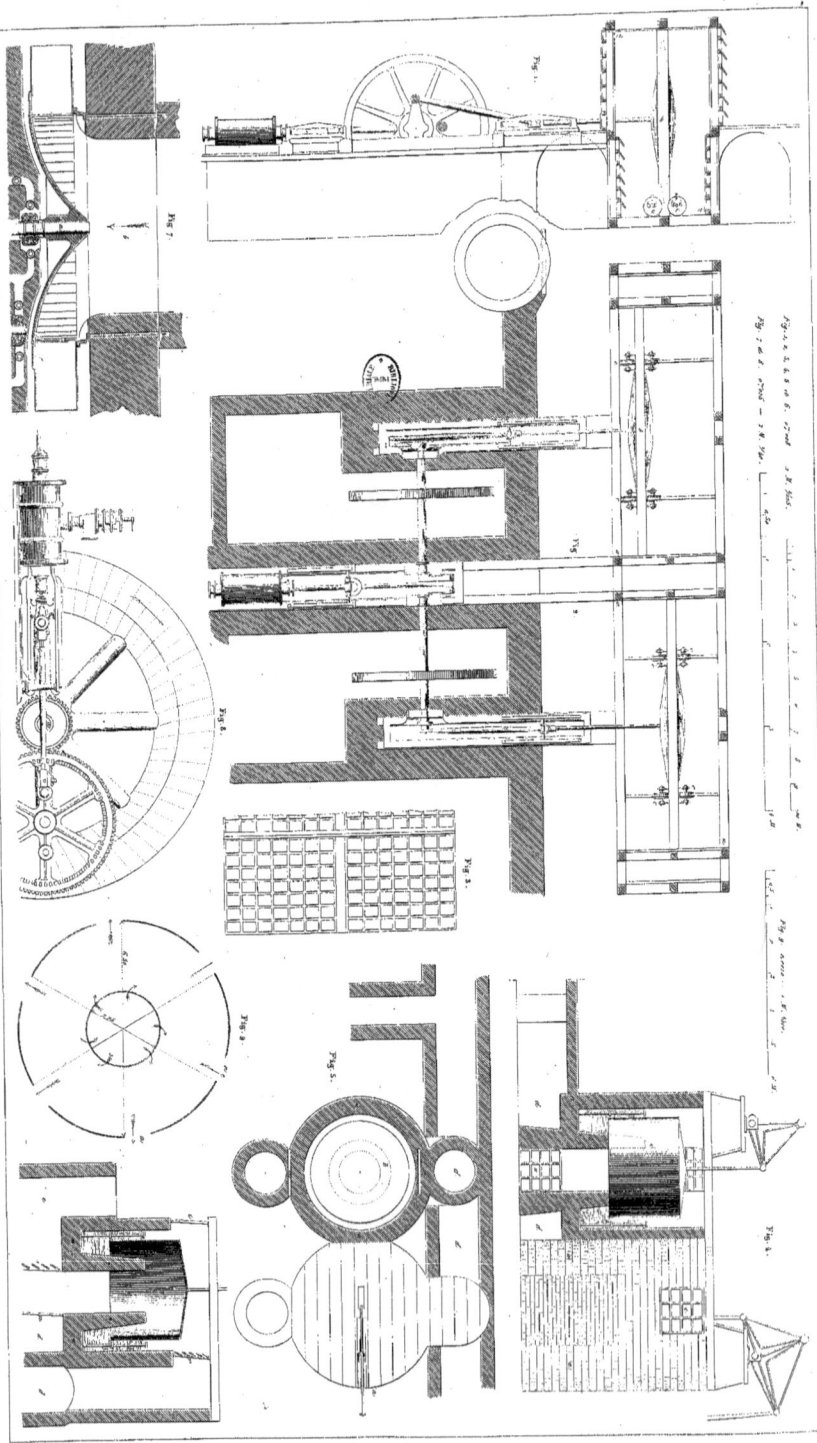

VENTILATEURS DE MM. NIXON, STRUVÉ, RITTINGER ET LAMBERT.

PL. XV

NIXON'S, STRUVÉ'S, RITTINGER'S AND LAMBERT'S VENTILATORS.

VENTILATOREN VON NIXON, STRUVÉ, RITTINGER, LAMBERT.

VENTILATEUR DE Mr GUIBAL.

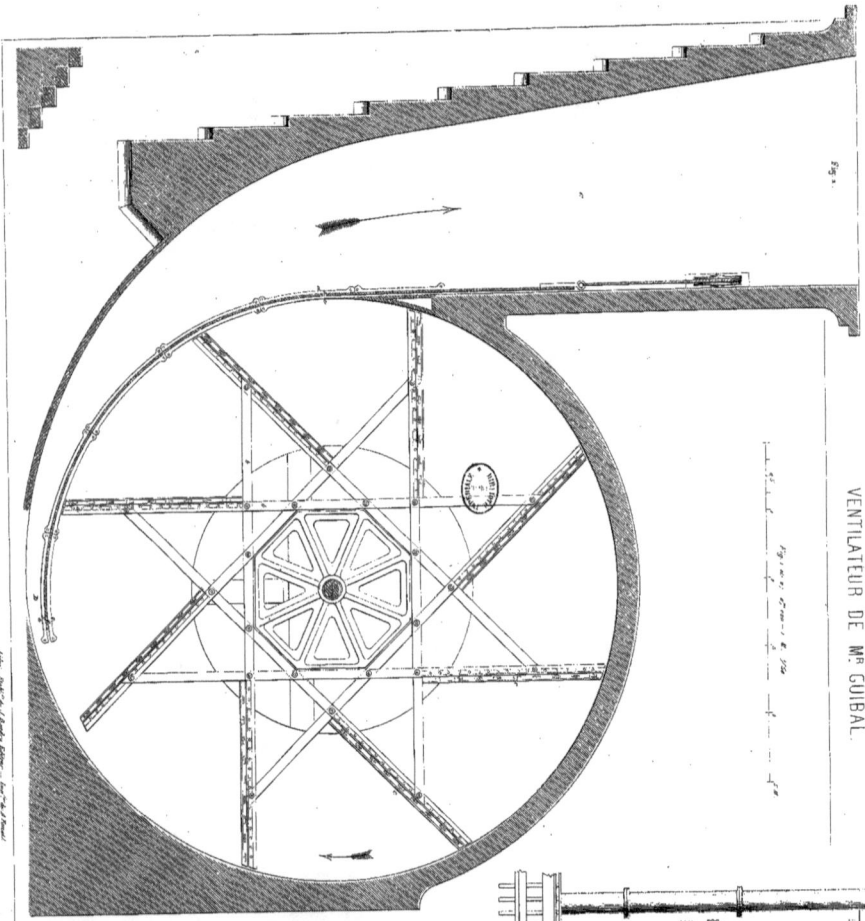

Fig. 1.

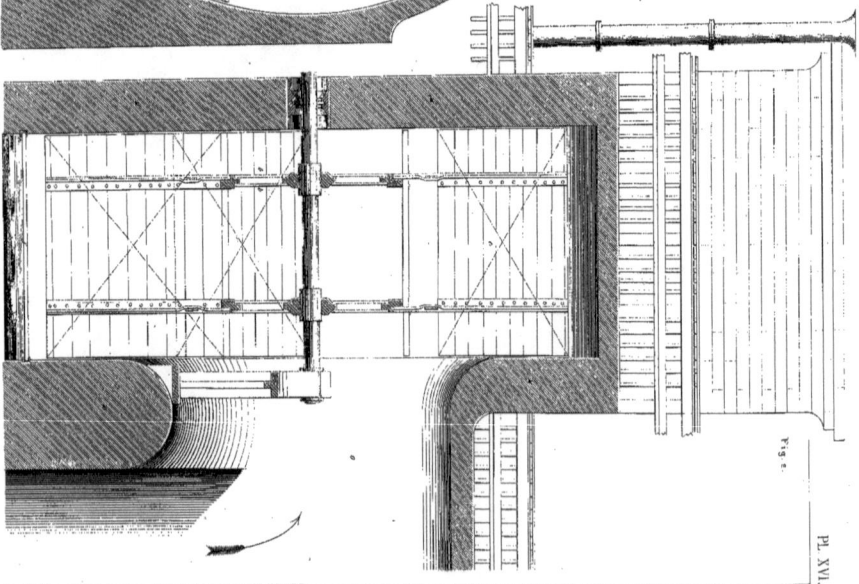

Fig. 2.

GUIBAL'S VENTILATOR.

GUIBAL'SCHER VENTILATOR.

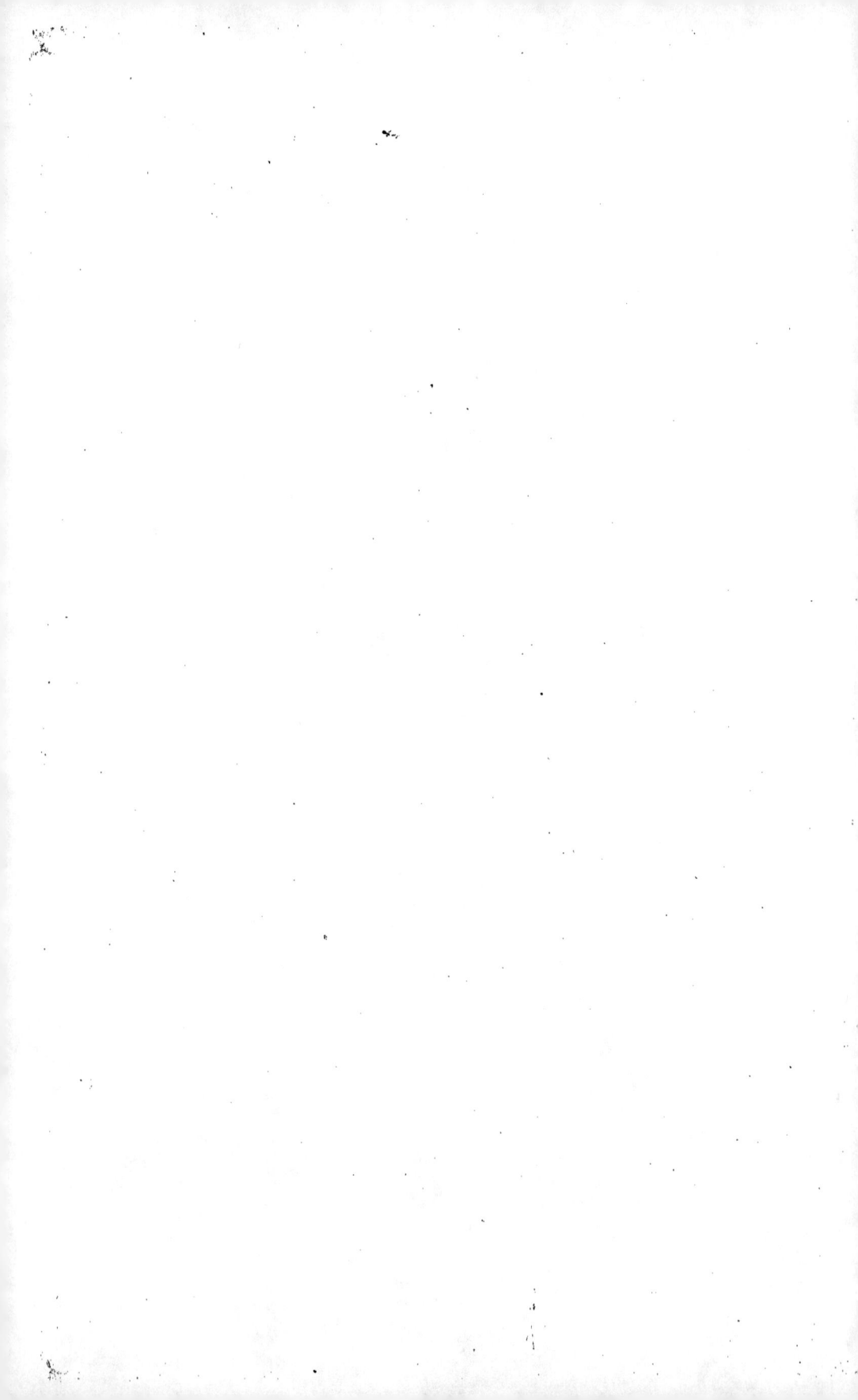

www.ingramcontent.com/pod-product-compliance
Lightning Source LLC
Chambersburg PA
CBHW060527210326
41519CB00014B/3149